四川传统发酵食品地图

邓　静　吴华昌⊙主　编
刘　阳　唐红梅　王浩文⊙副主编

中国轻工业出版社

图书在版编目（CIP）数据

四川传统发酵食品地图 / 邓静，吴华昌主编．— 北京：中国轻工业出版社，2021.4

ISBN 978-7-5184-3259-2

Ⅰ．①四… Ⅱ．①邓… ②吴… Ⅲ．①发酵食品 – 介绍 – 四川 Ⅳ．① TS2

中国版本图书馆 CIP 数据核字（2020）第 217863 号

责任编辑：江　娟　靳雅帅　　责任终审：劳国强　　整体设计：锋尚设计
策划编辑：江　娟　靳雅帅　　责任校对：吴大鹏　　责任监印：张　可

出版发行：中国轻工业出版社（北京东长安街6号，邮编：100740）
印　　刷：艺堂印刷（天津）有限公司
经　　销：各地新华书店
版　　次：2021年4月第1版第1次印刷
开　　本：720 × 1000　1/16　印张：15.5
字　　数：180千字
书　　号：ISBN 978-7-5184-3259-2　定价：68.00元
邮购电话：010-65241695
发行电话：010-85119835　传真：85113293
网　　址：http://www.chlip.com.cn
Email：club@chlip.com.cn
如发现图书残缺请与我社邮购联系调换
191087K1X101ZBW

我从小就生活在四川，我的外婆和母亲都是制作传统美食的能手，那些简单粗糙的食材在她们灵巧的双手中会变成美味佳肴，特别是在那些物质极度匮乏的年代，这些美食陪伴着我们长大，也在我记忆中烙下了外婆和妈妈的味道。

夏天外婆和母亲会将浸泡过的蚕豆剥皮，摊在簸箕里，然后盖上黄荆枝条，当蚕豆瓣上长出黄绿色的霉菌时，就会将这些蚕豆拌入盐水和剁好的辣椒，装入坛子，并放在太阳下暴晒，期间会不时地翻动。经过一段时间的密封贮存，这种美味的豆瓣酱就成为炒菜、烧菜必不可少的调味料。冬天来临时，外婆会将豆腐分成一小块一小块放在洗净的稻草上，用纱布或簸箕罩在上面，过不了几天，一层白色的绒毛就会附着在豆腐的四周，当整个簸箕都覆盖上厚厚一层洁白而细腻的绒毛时，外婆就会将这些豆腐块取出蘸上烧酒，再把炒过的辣椒面、花椒和盐裹在上面，密封入坛，过上十几天，鲜香麻辣的豆腐乳就能伴我们度过整个寒冷的冬天。外婆在家里摆放了大大小小十几个坛子，里面有泡的辣椒、姜、蒜头、豇豆等，在外婆的眼里仿佛没有什么东西不能泡的，这些都会变成我们餐桌上的调料或直接食用的小菜。这些坛子里还存放着不同种类的豆豉（姜豆豉、干豆豉）、干的萝卜苗、青菜叶子……最为神奇的是有些坛子是倒扣往下的，在这些倒扣的坛子里存放有腌制过的大头菜、萝卜、茄子……每次外婆打开这些坛子时，香气就会扑鼻而来，很快弥漫整个屋子，经久不散。

我上大学报的志愿是发酵工程专业，原来不知道发酵工程干什么，后来通过学习才知道其实外婆做的好多美味都是发酵产品，这些都少不了微生物的功劳。而四川由于独特的地理条件，再加上川人的勤劳智慧，才演绎出这么多美味的发酵食品。外婆和母亲只是千千万万四川劳动妇女的代表，这些智慧代代相传。

大学毕业后，我一直从事与发酵相关的教学和科研工作，对中国不同地区的传统发酵食品产生了浓厚的兴趣，尤其对四川传统发酵食品情有独钟，于是将研究重点放在了四川传统发酵调味品上。随着研究不断深入和拓展，发现我们未知的东西越多，越发对这些食品充满喜爱，更对四川劳动人们的伟大智慧由衷感叹。在研究四川独具特色的自贡甜面酱时，发现甜面酱至少要经过一年以上的日晒夜露才具有浓郁的酱香。在这一年四季不同季节里，空气中不同的微生物，比如种类各异的产酯酵母、芽孢杆菌、霉菌、乳酸菌等在不同时期进入甜面酱，参与各种香味物质的合成，再加上昼夜温差的变化，赋予甜面酱特殊的风味。而现代的保温纯种发酵虽能加快发酵的进程，却离传统工艺的品质还有一定距离。在研究四川传统泡菜的过程中，发现传统老坛泡菜品质的关键在于泡菜水，越是经过多年驯化的老泡菜水（称为老盐水），其中各种微生物的菌群越复杂，正是这些混合的菌群赋予了泡菜独特的风味。四川传统的发酵食品还有很多很多，比如泸州的护国陈醋、宜宾的思坡醋、中坝的酱油、潼川的豆豉等，都展现出各自独特的魅力，而我们的研究只不过是冰山一角，其中许多奥秘还需要更多的学者去探索发现。

参加工作近三十年了，一直有种冲动想把四川乃至中国的传统发酵食品做个梳理，但一直没有落到实处。感谢贾士儒老师在2018年的时候组织编写《中国传统发酵食品地图》一书，在编写过程中多次和贾士儒教授交流，相谈甚欢。我们对于中国传统发酵食品的理解、认识以及想为此做点事情的想法都非常契合。贾士儒教授对于四川传统发酵食品也怀有深厚的感情，多次鼓励我要在大家完成《中国传统发酵食品地图》的基础上，将四川的传统发酵食品做更详细的梳理，编写成册以便和大家分享，同时希望为更多的学者研究提供一些信息。这让我深感肩上的责任和压力，随后组织团队成员到四川各地进行调研，并借助行业里的学生资源，收集资料并整理成册。如果没有贾士儒老师的鼓励，没有同仁的帮助，没有各届学生的鼎力支持，完全无法完成此书。在此感谢在编写过程中给我提供帮助的各企业的领导和负责人，感谢我的学生们，感谢给我提供热心帮助的同仁。

本书的编写得到了四川省川菜产业化和国际化2011协同创新中心的资助，在此特表示诚挚的谢意。

由于编写人员的水平有限，加上有些传统食品正在逐渐转型发展，难免有遗漏或不准确的地方，欢迎热心的读者批评指正。

邓　静

2020年09月

目录

九寨沟

第一章 概述

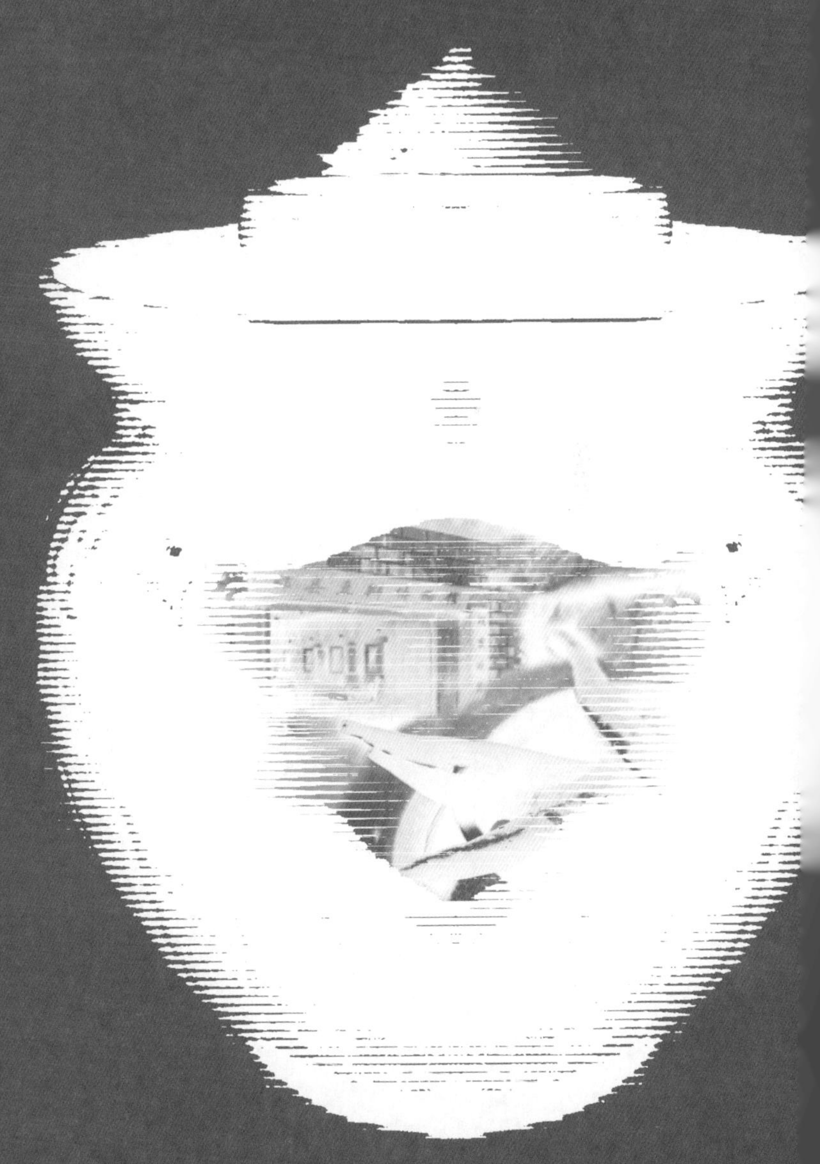

传统发酵食品大多是以促进自然保护、防腐、延长食品保存期、拓展食物在不同食用季节的可食性为目的，最初起源于食品保藏，是保证食品安全性最古老的手段之一。后来发酵技术经过不断的演变、分化，成为一种独特的食品加工方法。我们的祖先为了生存和发展，很早就发现通过微生物的一系列作用可以提高食物的消化性、保藏性、嗜好性，从而创造了不同的发酵工艺和发酵食品。我国地域辽阔，人口众多，由于不同的地理、人文环境，形成了具有地域特色的发酵食品圈。四川由于其独特的地理位置和特殊的气候条件，孕育出种类繁多的传统发酵食品，其产品风味独特，富有浓厚的地方饮食文化特色，成为中华民族饮食文化宝库的重要组成部分。

一

四川——发酵食品的摇篮

四川，简称“川”或“蜀”。中国西南腹地，介于东经97° 21' ~ 108° 33'和北纬26° 03' ~ 34° 19'，地处长江上游，辖区面积48.6万平方千米，居中国省级行政区第五位。地域辽阔，是承接华南、华中，连接西南、西北，沟通中亚、南亚、东南亚的重要交会点和交通走廊。四川省分属三大气候，四川盆地为中亚热带湿润气候，川西南山地为亚热带半湿润气候，川西北为高山高原高寒气候。总的来说，气候区域表现差异显著，东部冬暖、春早、夏热、秋雨、多云雾、少日照、生长季长，西部则寒冷、冬长、基本无夏、日照充足、降水集中、干雨季分明；气候垂直变化大、类型多，有利于农、林、牧业综合发展。四川河流众多，以长江水系为主。较大的支流有雅砻江、岷江、大渡河、理塘河、沱江、涪江、嘉陵江、赤水河等。四川辽阔的地域、丰富的地形、差异显著的气候、发达的水利系统为发酵创造了丰富的资源，为植物及动物的生长、功能多样微生物圈的形成创造了优异的条件，提供了发酵所需的原料及动力，为孕育品种繁多、各具特色的发酵产品奠定了基础。

据考证，巴蜀地区从古至今经历的大规模移民活动至少有7次，来自四面八方的大量移民入川，四川人其实是全国各地移民的后裔。秦灭蜀后，就曾“移秦民万家”充实川蜀；东汉末到西晋，又发生过大规模的移民活动；从唐末五代到南宋初年，有大批北方人迁居蜀地；元末明初，南方移民大批进入四川；明末清初的大移民活动前后延续一百多年，即所谓“湖广填四川”；抗日战争时期，大批“下江人”即长江中下游居民迁居四川。即使不算新中国成立后，大批北方干部进入四川，三线建设时期又有大批来自全国各地的人员进入四川，定居蜀地。随着移民的进入，巴蜀文化、中原文化、南粤文化、吴越文化、楚文化等多种文化不断融合、兼收并蓄。在这种历史背景下，促进了各地发酵技术的大融合，创造出丰富多彩、品种繁多的特色发酵食品，并在蜀地落地生根，不断发展，逐渐形成具有四川地域特色的发酵食品。

四川又为多民族聚居地，有56个民族。汉族、彝族、藏族、羌族、苗族、土家族、傈僳族、纳西族、布依族、白族、壮族、傣族为省内世居民族。四川是全国唯一的羌族聚居区、最大的彝族聚居区和全国第二大藏区，被誉为“中国唯一羌族聚集区”“中国第一彝族聚集区”“中国第二藏区”。一方面人口众多，导致对食品更多口味的追求，刺激着更多食品加工方式及众多发酵产品的产生；另一方面少数民族众多，而少数民族主要聚居在凉山彝族自治州、甘孜藏族自治州、阿坝藏族羌族自治州及木里藏族自治县、马边彝族自治县、峨边彝族自治县、北川羌族自治县，这些自治区域一般为偏远山区，交通不便，物资交换困难，为保证食品在夏季不腐，冬季不枯，人们多采用发酵的方式保存食品，以达到四季均可食用的目的。由此，少数民族聚居地创造了多种多样的发酵产品。

四川独特的地理、气候、人文条件为发酵食品的诞生创造了有利的条件，发酵食品种类众多，涵盖豆制品、蔬菜、肉制品、酒、调味品、

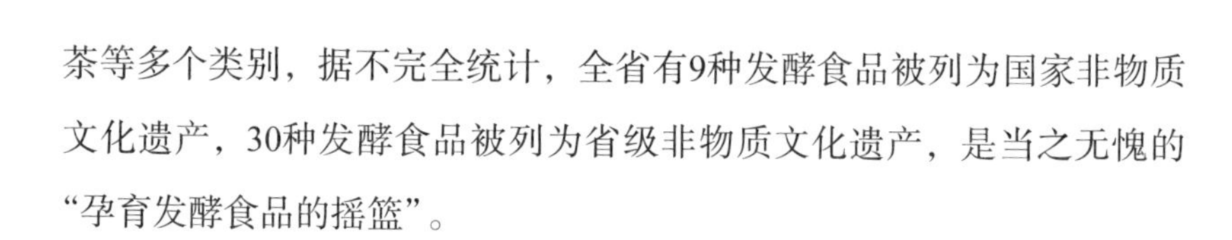

茶等多个类别，据不完全统计，全省有9种发酵食品被列为国家非物质文化遗产，30种发酵食品被列为省级非物质文化遗产，是当之无愧的“孕育发酵食品的摇篮”。

二
四川传统发酵食品

四川由于独特的地理、气候、人文条件，孕育产生了品种繁多的发酵食品，在全国发酵食品中占据巨大的市场份额，涌现了大批世界知名品牌，比如郫县豆瓣、东坡泡菜、五粮液、泸州老窖、郎酒、中坝酱油、保宁醋、五通桥腐乳等。

“蜀中自古多美酒”，至少在3000多年前，四川人就开始酿酒了。而今四川仍是生产白酒的大省，众多名酒畅销国内外。其主要产地为邛崃、宜宾、泸州一带。以泸州老窖、五粮液、剑南春、全兴大曲、沱牌曲酒为代表的浓香型大曲酒，因其浓郁的已酸乙酯为主体的复合香气，及酒体醇和协调、绵甜净爽、余味悠长的特点，占据了浓香大曲酒的半壁江山。近年来，丰谷酒等也日渐受到人们喜欢。郎酒作为四川地区酱香型的代表，以“酱香突出，香气幽雅，空杯留香持久，酒体醇厚、丰满，诸味协调，回味悠长”的特点而闻名全国。四川各地也有各自地方特色的酱香型白酒，如仙潭酒、川酱酒业，在日益发展的进程中，这两大酒企也形成了自己的独特酱香风格，逐渐受到消费者的认可和喜爱。而兼香型白酒至少兼有酱香、浓香、清香等两种以上香型，它将酱香、浓香、窖香、粮香、曲香等有机地结合在一起，浑然一体，以幽雅的酱香和浓郁的窖香为主体香韵，舒适的粮香和曲香加以修饰和衬托，改善了酱香型白酒粗糙的后味，克服了浓香型白酒“香浓口味重”的通病，具有一酒多香的风格，其生产过程均有自己独特的生产工艺。例如，叙府酒业的柔雅叙府系列，首创多粮浓酱兼香型白酒，具有“浓头酱尾，中庸和谐，各味协调，酒味全面，入口柔和顺滑，品之绵甜甘美，余味纯正净爽，饮后回味无穷”的风格特点，填补了我国多粮浓酱兼香型白酒单型发酵工艺的空白。除此之外，四川还有小曲清香白酒，使用整粒原料，采用纯种根霉和酵母为菌株，用曲量少，发酵期短，出酒率高，酒质醇香柔和、回甜纯净。也正因其酒体的纯净风格，成为保健酒、养生酒的最佳基础原料。这都是四川劳动人民酿酒技术不断交流融合的结果。

发酵蔬菜在四川历史悠久，种类繁多。每个地市、州的人民根据当地的蔬菜，因地制宜生产出有特色的发酵蔬菜制品。有含水量丰富的泡菜，有含水量较少的半干腌菜，有发酵后晒干的干腌菜；有些发酵蔬菜在制作过程中加盐，有些不加盐；有些在制作过程中直接新鲜腌制，有些经风吹日晒后再来腌制，还有些经过烫漂处理后再腌制。这些不同的预处理方式在保持蔬菜原来的营养成分上有很大差异，最后得到的产品风味各异。现在四川有些产品已经从家庭作坊走向工业化大规模生产，从国内走向国外，让全国各地乃至世界人民都能品尝到这些美味，如内江大头菜、宜宾芽菜、资中冬菜、新繁泡菜、东坡泡菜等。这些发酵蔬菜为了满足不同人群的需求又细分出很多品种，比如宜宾芽菜在发酵过程中是否加入红糖，又将芽菜分为甜芽菜、咸芽菜。它们形成了自己独特的风味：香、甜、脆、嫩、鲜，并在四川代代相传、家喻户晓。但有些发酵蔬菜则由于工艺复杂、操作讲究而濒临消亡，如倒罐菜。所谓“倒罐”，就是把菜坛倒过来。具体操作是：人们将晒得半萎的蔬菜、香料、食盐等装入菜坛内，用稻草封住坛口，然后倒扣于水中闭气发酵半年以上时间而成。它属于一种“干腌菜”，这样制作出来的蔬菜，干香脆嫩、浓香诱人、口味奇特，既可以直接食用，也可以炒或煮汤，是一种秘创的民间绝品。

四川向来享有“食在中国，味在四川”的美誉，川菜是以调味见长，说明调味品在川菜的烹制中起着举足轻重的作用，而发酵调味品又在其中扮演重要的角色。被誉为“川菜之魂”的郫县豆瓣以蚕豆为原料，生料制曲或熟料制曲，又经过不同的时间发酵，有些长达8年以上，得到的产品风味差异显著，在川菜烹饪中用于不同菜肴的制作，如四川经典的回锅肉、麻婆豆腐、鱼香肉丝都离不开郫县豆瓣。而作为佐餐豆瓣的代表——“临江寺豆瓣”则是在豆瓣中加入金钩、火肘、鸡松、鱼松以及多种香料酿制而成，是佐餐调味的上乘食品。在酱类中还有不容忽视的四川甜面酱，是将制曲后的面粉通过至少一年以上的陈酿，最后成为色泽黝黑的美味，在制作酱肉包、面臊以及京酱肉丝中成为不可或缺的调味品。被称作“川菜味魂”的中坝酱油、有着“中国酱油传统酿造活化石”美誉的先市酱油、获得国家地理标志保护的德阳酱油，由于其不同的制曲方法，参与作用的微生物的差异，再加上工艺的不同，得到的产品各有特色，可用于不同类型川菜的制作。四川的醋大都以麸皮为原料，称为麸醋，有些醋要经过日晒夜露的生产方式，被人们称为晒醋。各个厂家在制作过程都会有自己独特的制曲配方，大都会添加不同种类的中药及香辛料，从而自然选择出不同的产香或功能微生物参与其中，再加上工艺的差别，最后得到的产品风味各异。其中最有代表性的是被人们称为“川菜精灵”的保宁醋，它也被列为“中国四大名醋”之一。但四川各个地方又对自己地方的特色醋情有独钟，比如自贡人偏爱太源井晒醋，宜宾人喜欢思坡醋。这些醋虽与保宁醋同为麸醋，但味道差异却很大。四川的腐乳比较出名的有五通桥腐乳、夹江腐乳和唐场腐乳。五通桥腐乳、夹江腐乳采用的是毛霉发酵，而唐场腐乳则加了米曲霉制曲后的蚕豆瓣在里面，作用的酶系有很大的不同，得到的腐乳品质也完全不同。四川各地人民还喜欢采用自然发酵的方式制作腐乳，由于采用自然发酵，空气中的各种微生物在温度及豆腐培养基的选择下，细菌、酵母菌、霉菌会附着在豆腐坯上，称为混菌发酵腐乳，这些腐乳往往口感更细腻，香味更丰富，得到当地人民的热捧。豆豉有干豆豉也有水豆豉，干豆豉多以黑豆为原料，水豆豉多以黄豆为原料。比较有名的干豆豉是潼川豆豉，它主要为毛霉豆豉。水豆豉往往利用细菌发酵，随后加入大量的姜来调味，也称姜豆豉。豆制品中还有发酵的臭千张，具有明显的地域特色，比如在宜宾，人们炒肉、煮汤时都要放入臭千张来调味。

肉制品在发酵和后熟过程中，不同的乳酸菌、酵母和霉菌参与新陈代谢和相互作用，形成风味独特的产品，发酵肉制品在四川不同的地市、州以不同的形式出现。如北川腊肉、巴中腊肉、摩西老腊肉等往往会经过腌制后再进行烟熏，置于空气中慢慢发酵，形成其独特的风味；有些则不用烟熏直接风干，又是另外一种味道。四川的香肠在制备时，调料各异，在自然发酵过程中会选择性地附着不同的微生物，从而形成其各自的风味。四川火腿具有明显的川式特色，味道鲜美、咸香可口，较出名的有太伏火腿、剑门火腿、琵琶冬腿、冕宁火腿。它们由于处于不同的地理位置，制作方法又有些差异，所以风味不同。四川发酵肉制品除普遍的腊肉、香肠、火腿外，还有各地特色的产品，如油底肉、坛子肉、马边血肠等。这些发酵肉制品至今都深受人们喜爱。

除上述发酵制品外，各市还有众多特色发酵食品。据不完全统计，四川特色发酵食品总计有130多种，相当大一部分被列为国家、省级、市级非物质文化遗产或地理标志性产品，极大地丰富了我国发酵食品地图。

三
四川发酵食品的发展趋势

四川传统发酵食品历史悠久、文化底蕴深厚，是广大人民勤劳智慧的结晶，是四川饮食文化的重要载体，更是中华饮食文化的重要组成部分。发酵蔬菜、酒、调味品在海内外获得众多荣誉，逐渐走出国门，走向国际，成为外国人餐桌上的常见食品，对世界饮食文化产生了一定影响。但与日本、韩国、欧美等国家相比仍存在差距。虽然泡菜、腌渍菜技术的发源地在中国，后来传到朝鲜、日本和欧洲，从加工工艺和种类讲，恐怕至今也是其他国家望尘莫及的，然而科学研究和产业化开发却相当滞后，许多泡菜厂产品质量稳定性差，品牌性较弱，在世界上还未占据其应该有的位置。而韩国泡菜产业以科学技术为支撑点，通过开设泡菜专业、成立泡菜研究院、培养专业科研人员等，用科学的力量保证韩国泡菜的健康与品质；以品牌推广为落脚点，打造国际品牌形象、制定国际化促销战略，使韩国泡菜走向国际化市场，其影响力大大超过四川泡菜。川酒在我国也取得了极大的发展，看似耀眼，市场占有率大，但与世界知名蒸馏酒白兰地、伏特加的发展仍存在巨大差距。在科技、文化急速发展的今天，四川本土发酵食品想要取得良好的发展，将面临诸多考验。部分发酵制品以小作坊或家庭自制的方式进行生产，存在工业化水平偏低、生产技术落后、科学文化赋值不强等问题，极大地遏制了本土发酵食品的发展，有的发酵食品甚至因为未能进入大众视野而逐渐消失（如倒罐菜），这对于我们来说是遗憾，更是巨大的损失。四川传统发酵食品是祖先留给我们的宝贵财富，如何在当今社会促进其发展，是值得我们深思的问题。

（1）工业技术方面　借鉴国外成功案例并内化，应用于本土发酵食品的发展；确定自身工艺的优势与劣势，扬长避短，在现代科技的助力下，形成适合大规模工业生产的工艺体系；探索能将传统工艺特点与现代科技相融合的技术手段，促进产品又好又快地发展。

（2）产品赋值方面　参考韩国泡菜、日本纳豆、法国葡萄酒等对于自身的文化及营养保健功能的赋值方式，加强对本土发酵食品的文化宣传及科学研究，增强传统发酵食品的文化厚度与科学强度。

（3）运营管理方面　应用现代科学管理体系，确保食品的安全性与稳定性；应用现代营销策略，使传统发酵食品快速走入大众视野；借助国家政策的支持，顺应国家发展战略，发展本土特色发酵食品。

“国以民为本，民以食为天”，四川传统发酵食品作为中国饮食文化的一个巨大分支，对于蜀地人民的生活、发展具有重要意义。本书主要从历史起源、发展现状、工艺流程、工艺要点、微生物特点及其在人们的餐桌上扮演的角色等方面揭开四川传统发酵食品的神秘面纱，希望更多人认识与了解四川地区传统发酵食品的魅力，传承与发扬四川地区特色饮食文化，同时也希望广大读者通过本书看到许多承载本土浓厚饮食文化的特色发酵食品截然不同的命运：部分发酵食品借助现代科技的力量，去其糟粕，取其精华，提高产品品质，受到大众的认可继而发扬光大；部分发酵食品一味地追求现时的效益，脱离本质、丢弃底蕴，而被市场淘汰；还有部分发酵食品则是墨守成规，不愿革新，工艺复杂、生产成本高、生产效率低下，在市场中苦苦挣扎。四川传统发酵食品的长久健康发展，需要各方面人士的协同努力，进一步挖掘四川传统发酵食品这座宝库，为传承和发展地方传统发酵食品做出应有的贡献，也是本书的目的。

都江堰

第二章 锦官之城——成都

成都是四川的省会，简称“蓉”，是古蜀文明发祥地，中国十大古都之一。由十一个市辖区、四个县及五个代管县级市组成。成都地处四川盆地西部边缘，由西北向东南地势倾斜，产生巨大垂直高度差，因此生物资源丰富，种类繁多。

成都食品种类多元，以其特别的烹调方式和浓郁地方风味，被联合国教科文组织授予“世界美食之都”称号。成都传统发酵食品种类众多，从被誉为“川菜之魂”的郫县豆瓣到“川菜之骨”的泡菜，再到“中国白酒第一坊”的水井坊酒，都各具特色，滋味独特，它们与小吃、川菜、火锅共同组成了成都丰富的饮食文化。

一 郫县豆瓣

郫县豆瓣产于城区郫都，经长期翻、晒、露等传统工艺天然精酿而成，是川味食谱中不可缺少的调味佳品。其品质特色与郫县的环境、气候、土壤、水质、人文等因素密切相关。据历史考证，19世纪中期（清咸丰年间），陈氏后人陈守信，发现盐渍辣椒易出水，不易保存，遂在祖辈的基础上，潜心数年，先以豌豆加入盐渍辣椒吸水，效果不佳，再换胡豆瓣，依然不佳，又借鉴豆腐乳发酵之法，加入灰面、豆瓣一起发酵，其味鲜辣无比，郫县豆瓣就此诞生。遂开宗立户，取号首“益”字，其年正值咸丰年，取“丰”为时记，又取天、地、人之“和”，因而定名为“益丰和”号酱园。陈守信和他的“益丰和”号酱园也被人奉为“郫县豆瓣”正宗鼻祖。此后其后人扎根郫县城南外，经长久传承，日益改良，郫县豆瓣声名远播。郫县豆瓣历经数百年的磨砺，形成了极为成熟的制作工艺，在全中国乃至世界各地都广为流传、深受欢迎（图2-1）。目前，四川已有多家豆瓣厂闻名全国，如生产传统郫县豆瓣的郫兴豆瓣厂，采用先进科研技术生产的丹丹牌郫县豆瓣、鹃城牌郫县豆瓣，以及庆林豆瓣厂、清河顺安张记豆瓣厂等。

图 2-1　郫县豆瓣博物馆

2008年6月7日，郫县豆瓣传统制作技艺被列入第二批国家级非物质文化遗产名录。张安秋作为“非遗”传承人，组织团队以传统晒制发酵技艺为基础，在充分保证手工制作风味不改变的前提下，进行技术改良，变甜瓣子传统自然发酵为水浴保温发酵，经过反复试验，水浴保温发酵工艺趋于成熟，发酵周期缩短至60天，而且不再受季节的影响，年产量由原来的不足百吨剧增到一万吨，为郫县豆瓣工业化生产奠定了坚实的基础。一生专注一种“味”，2018年张安秋入选“大国工匠”。

郫县豆瓣生产工艺流程

（1）甜豆瓣　蚕豆→脱壳→浸泡→拌小麦粉、米曲→制曲→发酵→甜豆瓣

（2）辣椒坯　红辣椒→去把、清洗、拌盐、轧碎→入池发酵→辣椒坯（图2-2、图2-3）

图 2-2　郫县豆瓣原料——二荆条

图 2-3　辣椒发酵

（3）郫县豆瓣　辣椒坯+甜豆瓣→入缸（池）→拌和→翻、晒、露→包装→郫县豆瓣成品

郫县豆瓣生产过程中的蚕豆瓣制曲、发酵，辣椒腌渍发酵以及混合后搅拌发酵、成熟均是影响郫县豆瓣品质的重要因素，具体为以下几点。

1 蚕豆瓣制曲管理

一般采用通风制曲，允许曲床物料厚度在15～20厘米；注意控制通风，制曲温度控制在（36.5±1）℃，制曲时间为60小时左右，制曲时间达到30小时左右要翻曲一次，将蚕豆瓣翻松动，并将大块的敲散。

2 蚕豆瓣发酵管理

将制曲成熟的蚕豆瓣转移至发酵池中铺平，按配料标准将食盐溶成盐水，加入池中，盐水温度控制在50℃左右，并保证加入盐水后蚕豆瓣温度在42℃左右。蚕豆瓣发酵的前两天每天对蚕豆瓣进行“浇淋”两次，使盐分均匀后进行封池发酵，发酵过程中发酵池中心温度控制在42℃左右，发酵时间15天，发酵到10天时，应将池面的部分翻到池中间发酵，保证颜色一致。

3 腌渍辣椒发酵管理

（1）下盐　粉碎的鲜辣椒在下池时必须按16%～18%比例添加食盐，下盐原则为梯度加盐，即下少上多。

（2）下池量　加入椒醅时，以鲜椒醅表面距池面20～30厘米为宜。

（3）椒醅水的循环管理　刚下池的椒醅每天至少要让盐水循环一次，循环时必须用盐水将整个池面浇淋，保证盐分均匀，若椒醅发胀、发烫和盐渍池表面出现异常，应加大盐水循环频率，并增加循环时间。

（4）封池　椒醅水循环一周后，化验，待其盐分达到平衡后进行封池，先将椒醅平整，并压紧椒醅池内四周，表面均匀撒上一层盐，压紧的椒醅池四周用盐填平，再盖上塑料膜，压实，避免空气进入。

4 搅拌发酵

（1）搅缸　才下缸的原料每天搅缸2～3次，待原料不“翻泡”后，

每天至少搅缸一次，搅拌时沿缸壁上下翻搅，直至搅拌均匀（图2-4）。

（2）日晒　夏天未成熟的豆瓣酱醅应加长翻晒时间（图2-5），将要成熟或已成熟的酱醅，严格控制其水分含量，减少日晒；冬季空气相对湿度大时，盖上缸盖，相对湿度小时，揭开缸盖晒制；下雨时避免雨水进入缸中。

（3）夜露　在夜晚没有雨水情况下进行敞露，让豆瓣不良气味随雾气挥发。

图2-4　郫县豆瓣搅缸

图2-5　郫县豆瓣晾晒

5 成熟

翻晒4～6个月，豆瓣酱基本成熟，抹平表面，静置一周左右，静置后的豆瓣酱醅应及时化验，达到相关指标，即豆瓣成熟，郫县豆瓣发酵出品率在80%～85%。

制曲是郫县豆瓣酿制的关键。郫县豆瓣传统制曲是通过多菌种发酵，其中米曲霉分泌出大量的蛋白酶，将蛋白质分解为多种游离氨基酸，为产品提供特殊的鲜味。现代研究利用高通量技术对郫县豆瓣各发酵期的细菌群落结构进行分析，发现葡萄球菌、乳杆菌、棒状杆菌及芽孢杆菌属的细菌是豆瓣发酵的优势菌群，其对豆瓣质量、风味的形成有重要的影响。

郫县豆瓣与临江寺豆瓣、隆昌豆瓣并称为“四川三大名瓣”。它在选材与工艺上独树一帜，与众不同。酱香味浓郁醇厚却未加一点香料，色泽红褐油润有光泽却未加任何油脂，全靠精细的加工技术和原料的优良而达到优质色、香、味的标准，具有辣味重、鲜红油润、辣椒块大、回味香甜的特点，是川味食谱中常用的调味佳品。郫县豆瓣用以炒菜，分外提色增香，是红汤火锅中最重要的调味料，在汤卤中能增加鲜味和香味，使汤汁有温醇味和浓稠红亮的外观。

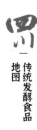

二
唐场豆腐乳

唐场豆腐乳产自大邑县，据历史考证，在清朝末年，成都府制台大人患疟疾，吃不下饭，后来有个师爷到大邑唐场乡走亲戚，带回家常豆腐乳，引起制台大人食欲，胃口开了，病也好了。于是制台大人问这豆腐乳为什么这么好吃，师爷说："这种豆腐乳的做法与众不同，先把豆腐压得很干，再撒上盐晒干或风干，再炕一炕，拌上陈年豆瓣、海椒和镜缸菜油，密封一年，才可以开罐取出来吃"。制台大人要师爷请他的表嫂谭大娘到衙门来做豆腐乳，不过谭大娘到了之后无论怎么做都没有初次带回来的好吃，制台大人就纳闷了，谭大娘说："做法和佐料都一样，可能是做豆腐的水不同。我家院子里有口井，水又清又甜，好像还有一点菊花香味，磨出来的豆腐又细又嫩又绵软。"制台就给了她一些银两，让谭大娘去做些来，果然如此。之后制台大人吃饭或者请客，总要添上一碟豆腐乳，客人们都赞不绝口。这样谭大娘做豆腐乳的名气渐渐响亮起来，于是开了个专做豆腐乳的小作坊，正式挂出"谭记唐场豆腐乳"的招牌，产品畅销大邑、成都，还远销到了各府县。100多年来，唐场豆腐乳一直是大邑县有名的土特产品。新中国成立后，唐场豆腐乳荣获了中国商业部"优质产品"称号。1988年2月亚太地区博览会上，唐场豆腐乳获得国际商界人士好评。1989年1月，唐场豆腐乳还荣获首届中国博览会金质奖。

唐场腐乳的特点是用米曲霉制作的发酵蚕豆再与生霉的豆瓣混合二次发酵而成。具体流程如下。

唐场豆腐乳生产工艺流程

精选黄豆→淘洗→浸泡→打浆→煮浆→滤浆→点浆→包榨→切块→冷却上盘→保温→凉花→搓毛→加辅料→腌渍→包装

唐场豆腐乳主要采用两次发酵工艺，赋予了产品浓郁的风味。其传统酿制工艺，采用辣椒酱生香，以蚕豆培菌。如蚕豆瓣的浸泡，要用冷水将蚕豆瓣浸泡至中心无白色硬心，将蚕豆瓣外壳清洗干净并将蚕豆进行脱壳，再将其送入密闭的烘房进行自然发酵，待豆瓣表面全部布满菌丝时送入凉房，待温度降到常温后再进行晾晒。制作辣椒酱时，用水将鲜红辣椒淘洗干净再沥干、轧碎，与食盐、蚕豆瓣搅拌均匀后入池腌酷。而豆腐坯的制作更是工艺繁多、精益求精，工序有数十道。豆腐坯制成后，还要经过“冷却上盘、保温、凉花、搓毛”等第一次发酵工艺，再进行二次发酵，即将制成的毛坯按一定比例加入豆瓣酱、菜油、食盐、蚕豆、香辛料，拌匀后再装入腌池（坛）中进行常温自然发酵成熟，发酵时间一般为8～12个月。

唐场豆腐乳表面呈鲜红色或枣红色，断面呈杏黄色或酱褐色，香辣适口、滋味鲜美，香味浓郁、余味绵长，并含有丰富的蛋白质、维生素，尤其是富含人体不能合成的8种必需氨基酸、维生素B_{12}等，也富含预防阿尔茨海默病的大豆磷脂。因此，它不仅能增强食欲，而且营养丰富，深受大众喜爱（图2–6）。

图 2-6　唐场豆腐乳

三
水井坊酒

水井坊位于成都老东门大桥外，是一座历经元、明、清三代的川酒老烧坊遗址。水井坊酒传统酿造技艺是成都市地方传统的手工技艺。其生产始于元末明初，至今已有600余年的历史。水井坊的历史可追溯到公元1408年的成都。当时，一名王姓的酿酒大师掌握了酿造顶级白酒的神秘配方，继而偶得一口至纯至净的水井，终于酿制出最顶级的酒品。1998年，一些建筑工人无意间发掘出原来的酒坊遗址，这是目前记载中最古老及保存最完整的独立酿酒工坊。水井酒坊也被中国国家文物局列为“中国白酒第一坊”（图2–7）。

图 2–7　600 年前水井坊盛景

2001年，水井坊获得原产地证书并且被吉尼斯世界纪录评为“全世界最老的酿酒厂”；2005年，水井坊名列中国食品文化遗产；2007年，水井坊加入帝亚吉欧产品系列；2008年，水井坊成为国家体育总局训练局中国体育军团指定庆功酒。2012年3月，英国洋酒以63亿元购水井坊获得批准。

水井坊酿造技艺被国务院列为国家级非物质文化遗产，传承人一代接一代，至今已有八代传承人，包括林东、丁志贤、徐万成、刘琼、王宏、张跃廷、卓飚、梁诚。

水井坊酒生产工艺流程

起窖拌料→上甑蒸馏→量质摘酒→摊凉下曲→入窖发酵→钩条粗村

水井坊的酒曲有两种，在桃花迷人的三月，制作的中温大曲，被称为“桃花曲”；在灼热的夏季制作的高温曲，被称为“伏曲”。以百斤优质小麦和五斤高粱作配料，再用石碾磨制，最终呈现出“烂心不烂皮”类似梅花瓣的形状。砖曲需要进行人工踩制，一块砖曲需五位员工的不断踩制之后才被送入曲房进行培菌（图2-8）。经过精准的晾、翻、烘等程序，再将成曲置放三月以上，成为“陈曲”，这个时候才能将“桃花曲”和“伏曲”按不同的比例要求，进行碾碎混合酿酒。根据季节差异，利用不同比例的曲药酿造多种风格的原酒。

图 2-8 踩曲

水井坊酒传统酿造技艺是在水井街酒坊遗址发源并传承下来的，该遗址位于成都锦江河畔，窖池中的微生物历经六百年的持续衍生，并经过反复净化和纯化，演变成水井坊具有显著特色的古窖池微生物菌落群。在优越的地理环境下，由历代水井坊酒传统酿造技艺传承人不断地进行尝试、探索、总结，成就了水井坊酒独具特色的酿造技艺（图2-9、图2-10）。近年来，水井坊公司与中国科学院成都生物研究所、清华大学的合作，利用现代先进的微生物学技术，从水井街酒坊酿造环境中分离出特殊微生物，激活了以“水井坊一号菌”为代表的古糟菌群。

图 2-9 成都水井坊博物馆

图 2-10 水井街酒坊遗址

四
全兴大曲

全兴大曲产于成都全兴酒厂，因历史上该厂名为“全兴老号”，酿制的酒属曲酒型，故产品命名为“全兴大曲”。

全兴大曲的前身是成都府大曲，据史料记载：全兴烧坊始建于清乾隆五十一年（公元1786年），距今已有二百多年的历史。当时就以酒香醇甜、爽口尾净而远近闻名，畅销各地；围绕成都府大曲一带，街上酒旗招展，酒家林立，客人饮酒后可以在酒店留宿。雍陶诗云：自到成都烧酒熟，不思身更入长安。张籍在《成都曲》中吟道：万里桥边多酒家，游人爱向谁家宿。全兴老字号作坊正式建于清道光四年（公元1824年），迄今已有近二百年的历史了。

全兴牌全兴大曲酒1959年被命名为“四川省名酒”；1958年、1989年获商业部“优质产品”称号及金爵奖，1963年，在全国第二届评酒会上，全兴大曲成为“中国老八大名酒”（五粮液、古井贡酒、泸州老窖特曲、全兴大曲酒、茅台酒、西凤酒、汾酒、董酒）之一。

全兴大曲，酒质呈无色透明，清澈晶莹，窖香浓郁，醇和协调，绵甜甘冽，落口爽净，系浓香型大曲酒，酒度分38度、52度、60度三种。全兴大曲遵循“好水酿好酒”的原则，以“净”为先，经过严密的把控，选择好水，赋予全兴“圆润、和谐”的风味基因；在利用自身丰富活跃的古窖池微生物群落的基础上，采用90天超长发酵工艺，让微生物充分发挥作用，使酒体“圆润、浓郁”，赋予全兴大曲更浓郁的醇香与酯香；曲乃酒之骨，全兴大曲严格把控制曲过程中空气的温度和湿度，采用古法手工秘制双曲，历经桃花之春、三伏之夏，二百多年无断代传承，造就全兴大曲“圆润、幽雅”的风格；全兴秉承“减慢速度、降度储存”的理念，让酒分子、水分子、众多香味物质充分集合，相互缔结与重排，最大限度地赋予了酒体的圆润、顺滑与协调。

五
彭县肥酒

彭县肥酒是彭州市天彭镇的特产，早在2000多年前，天彭镇一带就开始酿酒了。新中国成立后两次出土的文物中，就有出自延平元年的《酿酒图》《酒肆图》和《饮宴图》等画像砖。1959年，还在彭州境内出土的殷商时期用于盛酒的青铜器上发现了“高朋满座”“肴棋四阵”“金垒中坐”和“柔似清飘”等反映当时彭州酿酒的文字记载。

彭县肥酒在制作工艺上十分讲究，完全按照古法酿制，其原料挑剔、工艺复杂、配制方法古老珍贵、包装典雅、口感舒适。它以纯粮曲酒为酒基，配以绿豆、冰糖、生猪板油，以及肉桂、老蔻、砂仁等多种中药材，经浸提、串香等工艺酿制而成。肥酒的酿造多达32道工序，肥酒前期的酿造工艺与其他白酒是相同的，最大的区别在于后期的工艺，肥酒基础酿造工序完成之后，还要加入猪板油进行浸泡，从酒糟的发酵再到肥酒最终制成少则三年，多则更长时间。肥酒就“肥”在猪板油上，将生猪板油按一定方式处理后吊在陈酿原酒中保持一定的时间，对酒液进行醇化，使其口味醇厚丰满；然后将上等绿豆洗净晾干后放入酒坛中浸泡，绿豆有清热败火功效，能褪去原酒的燥性并使酒液产生一种晶莹的淡绿色调。同样，柔化也是酿酒的重要步骤，是将优质冰糖按一定的比例放入酒中，减轻原酒的辛辣味，使其口味更加柔和（图2-11）。

图 2-11　彭县肥酒酿造技艺

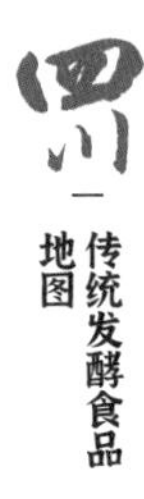

彭县肥酒以其色泽青黄透明、香气芬芳幽雅、口味浓厚绵甜之特色和营养丰富、温胃健脾之功效享誉省内外，并于2008年入选第二批成都市非物质文化遗产名录，2009年入选第二批四川省非物质文化遗产名录。现在彭县肥酒有彭州牌“百年肥酒”，龙门山牌“中国红肥酒”、天彭牌“天彭肥酒”等十余个品种，得到各地消费者的好评。

六
新繁泡菜

四川泡菜历史底蕴深厚，发展条件得天独厚。新繁泡菜作为四川泡菜的代表之一，已具有3000多年的历史。相传三国时期，赤壁大捷后，刘备率大军入川，所向披靡。数日涉至新繁郡，众将士水土不服，饮食不思，身体疲乏，斗志锐减，军师孔明深感忧虑，乃微服寻访，见众百姓户户皆用新鲜蔬菜加天然香料、斗酒、盐，投入盛有清水的土陶中泡之，天然而成脆嫩芳香之开胃美食，尤以酒肆、菜馆中的泡菜色香味最佳，遂带回军中，官兵品尝，食欲倍增，士气高昂，再收马超、克西凉、七擒孟获，定都成都。孔明叹曰：“天府之国，地灵人杰，民以食为天，新繁泡菜，天下一绝也”。故“新繁泡菜”代代相传、流芳千古、名满天下。

在新繁的泡菜制作上，“何泡菜”堪称杰出代表。“何泡菜”姓何名子涛，他一直把泡菜制作当成自己毕生的事业。曾求教于已故的成都朵颐餐厅以泡菜制作闻名的名厨温兴发，又得到新繁名厨蒋述成的帮助，制作泡菜的技术达到炉火纯青的高度。何子涛和他的同行们经过长期实践，反复研讨改进，使新繁泡菜形成了自身的特有风格。目前，四川成都新繁食品有限公司（图2-12）生产的泡菜2016年成功入选成都市公布的第五批市级非物质文化遗产代表性项目名录。

新繁泡菜的蔬菜品种繁多，多使用四季时令蔬菜进行泡制，成品脆嫩芳香，含有丰富的维生素、氨基酸。新繁泡菜在泡制过程中使用红糖、茴香、丁香、桂皮等香料，在发酵过程中，氨基酸与乙醇相互作用生成酯类化合物，形成了新繁泡菜特殊的酱香味和甜味，具有解腻、开胃、健脾等作用。新繁泡菜一直使用传统陶坛乳酸发酵工艺与现代先进生物发酵技术相结合的形式进行生产加工，始终坚持品质“蔬菜不变形、味道不过酸过咸、不进水、不走籽、不变味”，现有甜酸味、咸酸味、红油辣味、韩式风味、日式风味五大系列200多个品种（图2-13）。

图 2-12 新繁泡菜厂址

图 2-13 泡菜发酵

七
怀远豆腐帘子、冻糕

豆腐帘子、冻糕和叶儿粑合称为“怀远三绝”，是四川省非常著名的传统小吃。怀远三绝分新老两种，历史传承的怀远三绝为：冻糕、叶儿粑、三大炮，后来由于饮食习惯和素食风潮的影响，三大炮渐渐淡出人们的视线，豆腐帘子渐渐取代了三大炮在“三绝”中的地位，进而形成了怀远新三绝的格局。而冻糕和豆腐帘子均是通过发酵工艺生产的。

1. 冻糕

古代一位叫卜生的诗人写下的诗歌：“文江名小食，航运旧京都。

染黄如金锭，洁白似明珠。呼来盘中品，疑是塞上酥。问君何能尔，技艺穷天厨”便是赞美冻糕的（图2-14）。

图 2-14　冻糕

冻糕，是民国年间怀远镇厨师蒋仲渔所创，人称“蒋三麻子冻糕”。采用传统的自然发酵方法，制作工艺传统而独特。

冻糕工艺流程

大米→浸泡→磨浆→加糯米→搅拌→入缸发酵→加生猪油、红糖→成品

冻糕是先将大米浸泡后磨成浆，再把用沸水烫过的糯米蒸熟，然后将二者拌和入缸自然发酵，最后将生猪油和红糖包心。酵母菌是发酵米制品中起主要作用的发酵菌种。成品色白微黄，滋润绵软，富有弹性；松泡化渣，油而不腻，香甜微酸。

2．豆腐帘子

怀远豆腐帘子历史悠久，创产于明成化年间，至今已有五百余年历史。因系微生物自然接种、发酵，受水土气候等自然条件限制，仅产于成都市崇州怀远镇（即古分州）方圆五华里，异地难产，因此被历代文人学者和美食家誉为“蜀州三绝”（现在人们称为“怀远三绝”）之一（图2-15）。2008年，怀远“三绝”制作技艺入选成都市第二批非物质文化遗产

图 2-15　豆腐帘子

名录，2009年入选四川省第二批非物质文化遗产名录。

豆腐帘子制作工艺特殊，根据制作方法的不同又分为干帘和水帘。干帘在生产过程中需要进行发酵，而水帘则不需要进行发酵。

干帘工艺流程

大豆→磨浆→点卤→装模具→滤干成型→卷筒→自然生霉→成品

选用优质大豆制成豆浆后，投入适量卤水，搅拌均匀，使之浓凝；然后将纱布浸湿，铺入木匣，一层细布，一层豆花，滤干成型。将折匣取出的帘状豆腐卷为圆筒，摊晾于木匣中，自然生霉，其霉绒细密，毛长约为1.5厘米，雪白如银，4天左右即可上案。豆腐帘子发酵优势菌是不动杆菌属和毛孢子菌属。干帘经过4天的发酵，豆腐皮里的蛋白质降解为小分子的胨类、多肽和氨基酸，赋予产品特殊的风味与营养价值。而水帘是将折匣取出的帘状豆腐直接烹煮，质地细腻，风味独特，有鸡汤之鲜味，而无鸡汤之油腻。

近年来，怀远人将帘子用油炸酥，拌和芝麻、甜酱等香料，密封保存，半年后食用，色、香、味仍如鲜品。被美食家们誉为“人造植物蛋白鸡肉”的豆腐帘子是四季佐餐之佳肴，宴宾馈客的佳品。

八
军屯锅魁

军屯锅魁，又称“酥锅魁”或“酥油千层饼”，是成都市的传统小吃。其历史悠久、做工考究，以香酥脆、细嫩化渣而名扬川西。军乐镇原名军屯镇，20世纪90年代初因地名重名，更名为军乐镇。军屯锅魁历史悠久，闻名中外。相传三国时诸葛亮命大将姜维率部在今军乐镇休养屯垦、牧马练兵，“军屯”由此而得名，今天的锅魁就是由当年军中干粮逐渐演变而成。每年正月十六是军屯锅魁的开灶日，这里的锅魁店至今都要焚香行礼祭拜姜维。

清朝末年，军屯场的谢子金以打锅魁为生，后来收升平场银佛村王千益为徒，1933年，王千益收军屯香水村马福才为徒。1950年马福才收肖先富为大徒弟，1958年，马福才被乡政府安排到小食店专门从事锅魁制作，次年，他招收周乐全为徒。1983年小食店解体，周乐全便在军乐乡军屯场老站旁开办了自己的锅魁店，而大师兄肖先富则到成都等地发展。“酥锅魁”是彭州军乐镇周乐全与师父马福才共同打烤出名。如今，“酥锅魁”还发展了鲜肉锅魁、椒盐锅魁、化丝盐锅魁等十多个品种。北京亚运会期间，国内外食客排长队争相购买，因制作难以满足，让不少人来不及一饱口福，一时传为佳话。2013年，军屯锅魁入选成都市第四批市级非物质文化遗产保护名录。

工艺流程

面粉→制发酵面团→制酥→制馅→制坯→熟制→成品

工艺要点

（1）制发酵面团　将38～40℃的清水，加入面粉中，加酵面揉匀，静置30分钟，产生酸气后加碱，揉匀成发酵面团。

（2）制皮　面粉用开水烫制后，加入发面、泡打粉和匀，静置30分钟，加碱揉匀。

（3）制酥　鸡蛋、猪油与面粉和匀，制成鸡蛋酥。

（4）制馅　猪油剁细，大葱切细，生姜切细，与五香粉、花椒粉、精盐、味精拌和均匀成肉馅。

（5）制坯　将发面揉光滑，搓成条，分成剂子。用手摔打成条状，抹上猪油、鸡蛋酥，再放上鲜肉馅，裹成圆筒，粘上芝麻，压扁、擀圆即可（图2-16）。

图 2-16　军屯锅魁包馅

军屯锅魁在制作过程中，实行起面（酵面）与子面（生面）随打随配的原则。避免过早制作酵面导致酵母菌发酵时间过长，使锅魁出现酸味，影响其口感。军屯锅魁具有咸鲜而香，酥软爽脆，入口化渣的特点；锅魁油润、松泡，其层次分明，色泽金黄，咸淡怡人，口感风味独特，经久不衰（图2-17）。

图 2-17　军屯锅魁成品

九
猪油发糕

猪油发糕为传统的四川民间风味小吃，广受各地群众喜爱。猪油发糕是米粉加水和酵面搅成浆糊状，加盖发酵而成。发面内配猪边油（切小丁）、白糖、蜜桂花，用化水的苏打粉调和好酸碱度，上笼用旺火蒸熟，翻出后切菱形块（图2-18）。猪油发糕利用酵母菌制作酵面来发酵面团，使发糕更加松软可口。

图 2-18　猪油发糕

猪油发糕生产工艺要点

（1）糕浆要用力搅拌，发酵一般要1～2小时，待糕浆上面出现小圆泡、能闻到酸味时即要调和酸碱度。

（2）猪边油要先用开水汆一次，除尽油皮，切成小指头大的小方丁。

（3）笼底可用糯米纸或玻璃纸、纱布等铺底，以免漏浆（图2-19）。

（4）笼的一角要隔上一块木板，使蒸汽透入笼内。

图 2-19　铺底蒸制

十
猪油麻花

猪油麻花是成都民间小吃，老幼皆宜。其色泽茶黄，酥脆香甜，散口化渣（图2-20）。

猪油麻花生产工艺流程

（1）调制　将碱加水化开，然后放入老酵面、红糖、蜜桂花搅匀，倒入面粉和成面团，和面是关键，加水时要把面粉尽力和匀后才揉合，否则就会成“包浆面”；炸时要掌握好火候，火大了麻花要散，以中火为宜；要根据季节温度变化掌握好面的碱性。分次加水，揉成面团，盖温毛巾醒面10分钟。

（2）成形 将醒好的面团揉光，搓成长条，揪成面剂，逐个搓成13厘米长的短条，刷上植物油并摆好。再搓成长的细条，然后双下反方向搓条上劲，把两端合拢，自然拧成绳索状，再用双手反方向略搓，执两端折为三股绳状。两端的头插入两端的孔内，即成麻花生坯。

（3）成熟 锅内倒入猪油，用大火烧至六成热，放入麻花生坯，炸至棕红色即可。

图 2-20 猪油麻花

第三章 富乐之乡——绵阳

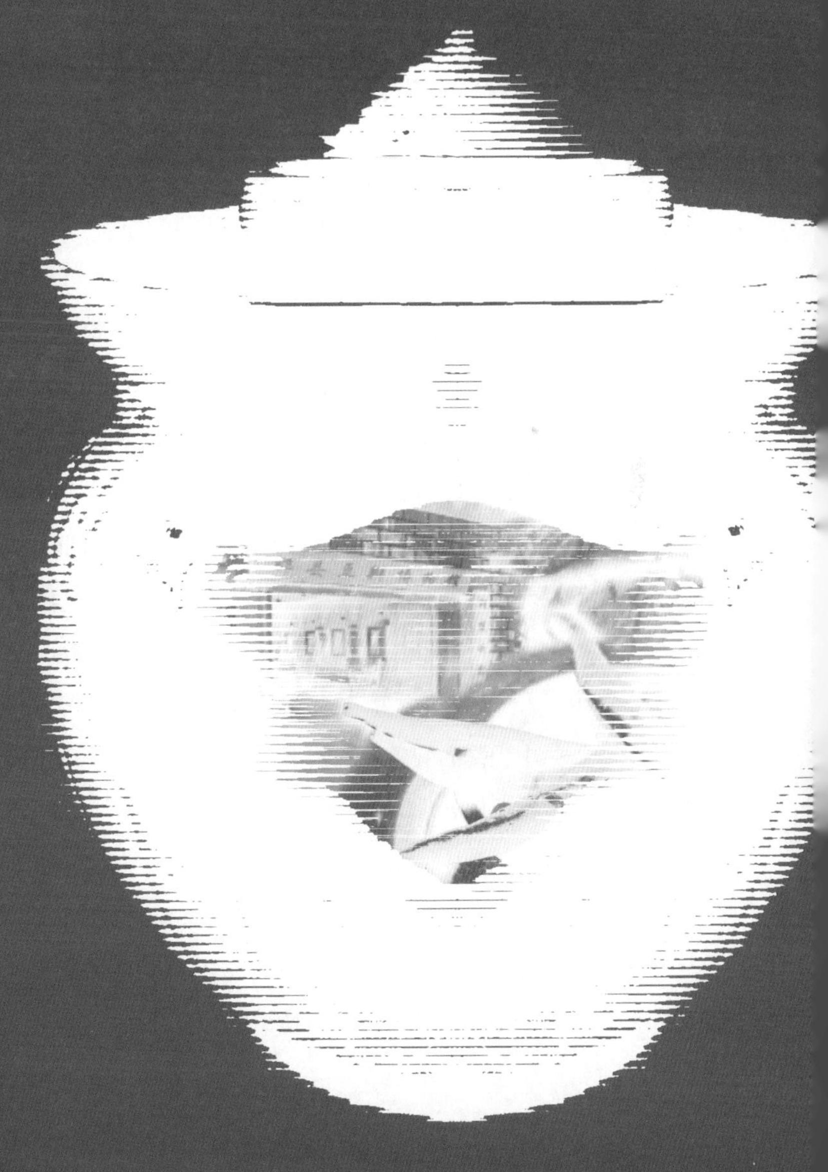

绵阳，简称“绵”，位于四川西北部，涪江中上游地带。绵阳市由三个市辖区、一个市和五个县组成，是四川第二大市。绵阳是中国早期人类活动地区之一，历史悠久，山川水灵。其地势呈北高南低的特点，地形自西北向东南倾斜，河渠纵横、水网密布。

绵阳全年降水充沛，适宜豆类作物种植生产，粮食种植产量大且品质上乘，因此豆类发酵食品丰富，如酱油、豆豉等；白酒业发展较快，酒质好、销量大，如丰谷酒等。得天独厚的自然环境和条件孕育出绵阳丰富的传统发酵食品。

一
中坝酱油

中坝酱油产自江油，据史书记载，川北中坝，自古为“酿酱之乡”，其品味以“清香园”为最。清朝时，“清香园”园主之子韩铣中举，赴京谢恩时，携佳酿酱油为贡，道光皇帝不由叫绝，挥笔赐名“中坝酱油”，中坝酱油由此得名。其后，“清香园”后人对产品精益求精，以本地传统酿造技艺为依据，在保证中坝酱油天然鲜味的同时，加入长城以北、张家口以外的蘑菇作为重要配料，口蘑菌肉肥厚、口感浓郁，富含微量元素硒，是良好的补硒食品。以口蘑为配料精心酿制的酱油汁稠色艳，咸甜适度，天然鲜香，营养丰富，故取名为“中坝口蘑酱油”（图3–1）。

中坝酱油的生产工艺主要分为蒸煮工段、制曲工段、发酵工段、淋油工段、后处理工段和灌装工段六大部分。选择生长期长、蛋白质含量丰富的山地土黄豆，经过人工去杂质，搭配小麦、麸皮；大火蒸煮2小时，翻甑，再蒸2小时后焖蒸1小时，摊平晾凉；晾凉的豆子送至制曲间自然发酵，表面长出的米曲霉绒毛由乳白色逐渐变为淡黄色；成熟的坯料添加食盐、水和醪糟搅匀密封，添加口蘑后，进行为期180天的发

（1）旧址自制洗瓶机（1969—1978年）
（老职工：李兴志、肖群芳）

（2）晒露酱缸（20世纪60年代）

（3）口蘑酱油装瓶（1978—1979年）
（老职工：刘桂芳、李昌会）

图 3-1　中坝酱油的历史传承

酵，在日晒夜露下，陶土缸中的豆子吸收日月之精华，最终形成香气馥郁，色泽油亮的中坝酱油。中坝酱油经天然发酵，其色淡汁稠，体态澄清，豉香浓郁，滋味鲜美，久存不生花、不变质，适用于烹制各种菜肴，尤其适合日常炒菜，属上乘调味佳品。

中坝酱油1962年被四川省商业厅评为“四川省传统名特调味品”，1997年被中国工业协会授予“中国食品名牌产品”称号，2002年被评为“中国川菜十佳调味品”，2004年获得“中国地理标志保护产品”认证，2006年获绵阳市首批非物质文化遗产称号，有“川菜味魂”之誉。现今传承人为邓晓（图3-2）。

图 3-2　中坝酱油产品全家福（从左至右依次为 20 世纪 60、70、80 年代产品）

二
潼川豆豉

潼川豆豉是三台县最负盛名的传统调味品，距今已有300多年历史。潼川豆豉颗粒松散，色黝黑有光泽，滋味清香，滋润化渣，后味回甜。

据《三台县志》记载：清康熙九年（公元1670年）左右，邱正顺的前五辈祖先，从江西迁徙来潼川府（今三台县），在南门生产水豆豉做零卖生意。他根据三台的气候和水质，不断改进技术，采用毛霉制曲的生产工艺，酿制出色鲜味美的豆豉，因三台古为潼川府，故习惯称为“潼川豆豉”。清康熙十七年（1678年）潼川知府以此作贡品进献皇帝，得到赞赏而名噪京都，列为宫廷御用珍品，进而逐步为全国知晓。传至邱正顺时，便在城区东街开办“正顺”号酱园，年产20多万斤，盈利甚多，人称“邱百万”。潼川豆豉从邱正顺开“正顺”号酱园至今已有200多年的规模化生产历史。清道光十一年（公元1831年）城内卢富顺、冯朴斋两家，先后从邱家聘出技师在东街开“德裕丰”酱园（现红星小区），老西街开“长发洪”酱园（现酿造厂家属楼），与邱家竞争生产，使得潼川豆豉的工艺水平得到了很大的提高。《三台县志》记载：“城中以大资本开设酱园者数十家，每年造豆豉极为殷盛，挑贩络绎不绝”。早有“潼川豆豉保宁醋，荣隆二昌出夏布”“出门三五里，忽闻异香飘。借问是何物？豆豉一大包”等民间歌谣传唱。到1945年城中生产潼川豆豉者已达45家。新中国成立后（1951年）实行公私合营，各家酱园联合成立公私合营公司，从此潼川豆豉走上了规范的发展道路。2008年“潼川豆豉酿制技艺”被列入第二批国家级非物质文化遗产，先后获得首届中国博览会、巴蜀食品节金奖。

目前，潼川豆豉是我国唯一采用手工毛霉制曲工艺生产的豆豉。使用毛霉制曲工艺制作的豆豉，生产中选取生长迅速、菌丝旺盛、孢子多、酶系全的总状毛霉，生产的豆豉，营养价值极高，鲜味可口，咸淡适中，回甜化渣，具有豆豉特有的豉香。制曲的目的是使煮熟的豆粒在霉菌的作用下产生相应的酶系，发酵过程中产生丰富的代谢产物，使豆豉具有鲜美的滋味和独特风味。制曲22小时左右进行第一次翻曲，翻曲的目的主要是疏松曲料，增加空隙，减少阻力，调节品温，防止温度升高而引起烧曲或杂菌污染；28小时进行第二次翻曲，翻曲适时能提高制曲质量，翻曲过早会使发芽的孢子受抑制，翻曲过迟会因曲料升温引起细菌污染或烧曲。当曲料布满菌丝和黄色孢子时，即可出曲。一般制曲时间为34小时。

潼川豆豉既可佐餐，也可炒食、拌食、制汤，能很好地体现川菜的风味。

潼川豆豉生产工艺流程

黑豆→筛选→洗涤→浸泡→沥干→蒸煮→冷却→接种毛霉→制曲→洗豉→拌盐→发酵→晾干→成品

潼川豆豉生产工艺要点

（1）原料选择　酿制的原料多取自安县秀水地区的黑色大豆，这种大豆颗粒大小如花生仁，酿出的豆豉质量最佳；普通黄豆制成的豆豉色、香、味皆次之。

（2）生产时间　选择在冬、春两季，温度低，发酵效果好，尤以冬季生产贮存到次年六月的成品质量最佳。

（3）工艺严格，制作考究　潼州豆豉泡料要求的温度在40～50℃。蒸料使用木甑（蒸桶），火力要猛，蒸制时间可随季节气温不同灵活掌握，一般在2.5小时左右。蒸料当中要上下翻动一次。蒸料上架后保持适当温度、湿度，任其自然发酵。经过15～21天，菌丝茸毛长稳，有香

（1）蒸料

（2）制曲

（3）拌料

（4）装坛

图 3-3 潼川豆豉的毛霉制曲

味散出即可下架。下架后，加盐、白酒、水，拌匀后入坛封存。坛用泡菜坛，密封水槽不能缺水。后熟期需9～12个月（图3-3）。

（4）贮存 潼川豆豉只要注意密封，一般可存放5～6年。此豆豉经长时间贮存后，质量越变越好。

三
丰谷酒

丰谷酒厂坐落于绵阳市区，被称为四川白酒“第七朵金花”。据《三国志》和《方舆胜览》记载：东汉建安十六年（公元211年），刘备入蜀，益州牧刘璋迎至绵州，二人煮酒百日论天下。刘备曰：“富哉，今日之乐乎！”清朝康熙年间（公元1700年）陕西酿酒大师王发天在传承千年的富乐烧坊酿酒工艺基础上，结合“汾、凤秘技”潜心钻研数十年创建“丰谷天佑烧坊”（图3-4）。新中国成立后更名为“国营绵阳市酒厂”，

2001年改制更名为“四川省绵阳市丰谷酒业有限责任公司”。源于东汉，精于清朝，盛于当今的丰谷，一直遵循着“古法酿造，始终如一”古训，专注于生态白酒的酿造。丰谷以酒质优异、风格独特、服务精细、创新营销成为川酒新秀的典型代表，先后荣获“中华老字号”“四川省名牌产品”“川酒新金花”等称号。丰谷创造性地研发出中国“低醉酒度”高档白酒三大标准，并荣获“2012中国最具创造力技术”大奖。“低醉酒度”技术的应用，开启了健康饮酒的新时代。

图 3-4　天佑烧坊

“千年老窖万年糟，酒好须得窖泥老”。酿酒窖池窖龄越长，窖泥中所富含的对人体有益的微生物就越丰富，产出的酒质量才越好（图3-5）。丰谷酒的窖泥一直通过富乐烧坊、天佑烧坊的老窖泥繁衍。这种老窖泥中富含上千种生香微生物，经过上千年的衍生、驯化形成了独特的菌种生物群。经过数十年的探索，丰谷又在其300多年的窖中发现一种能使酿酒窖泥活性优质持久、新窖泥只需一年即可酿造出优质原酒的“活宝贝”——M类微生物（具有调节窖泥pH作用的微生物），这一科研成果成功地推广应用到生产中。

丰谷酒精选高粱、大米、糯米、小麦、玉米五种粮食为原料，以“包包曲”为糖化发酵剂；在认真吸收其他名酒工艺的基础上，更着力于塑造丰谷酒自身的“分层用糟，底回底，本窖循环”特色，优中选优，巧妙地

图 3-5　丰谷酒窖池

兼顾了跑窖循环的续优质好糟的特点，又保留了本窖循环于养窖养糟有利的特点。丰谷窖池持续酿造三百余年，坚持“早春入窖，中秋取酒”的古训，精选的生态有机粮食在古窖池中充分发酵，每批原料要发酵70～140天。待窖池内糟醅发酵完毕，出窖时，窖内糟醅必须分层次进行堆放。其中，同一窖的窖底糟醅所产酒最好。经过加原辅料后，除底糟、面糟外，各层糟醅混合或分层使用、蒸煮糊化、打量水、摊凉下曲，仍然放回原来的窖池内密封发酵。独特的配料、保证低温、缓慢、均匀的长期发酵，使各层各甑入窖糟的酸、淀、曲、水科学配合，达到同一个窖池内的任何一层面，在发酵期内能缓慢、均匀、一致性地自然升温发酵，从而实现在100多道生产工序中对影响醉酒的因子进行科学控制。

丰谷酒在品质、品格、品味上都显得自然香陈、绵甜、细腻柔和，产出醉酒慢、醒得快、不口干、不上头的“低醉酒”，为消费者带来酒后舒适自然的饮酒享受，平衡消费者饮酒与健康之间的关系。

四
杂粮醪糟

北川杂粮醪糟在继承传统醪糟的酿造技艺的基础上，添加北川当地盛产的玉米、青稞，酿制成口味浓郁、营养丰富的杂粮醪糟。醪糟酿制过程中起主要作用的是甜酒曲中的根霉和酵母菌两种微生物。根霉是藻菌纲、毛霉目、毛霉科的一属，它能产生糖化酶，将淀粉水解为葡萄糖。根霉在糖化过程中还能产生少量的有机酸。甜酒曲中少量的酵母菌，则将根霉糖化淀粉所产生的糖分解产生酒精。

杂粮醪糟生产工艺流程

糯米、青稞

玉米→去皮→浸泡→蒸制→晾冷→加甜酒曲→入缸密封→发酵→成品

杂粮醪糟是取玉米磨碎，去掉麸皮和细面，加入适量青稞、糯米，温水浸泡一晚后，隔水蒸至八分熟，晾凉后拌入甜酒曲，装入陶瓷瓮中，密封坛口，保温发酵；发酵完成后，均匀搅拌坛内醪糟再封口于阴凉处存放。杂粮醪糟具有酒劲强、香甜可口的特点，不仅可促进胃液分泌、帮助消化，且有补气养血的功效。

五
安州豆腐乳

安州豆腐乳是四川特有的发酵制品之一，通过毛霉发酵制成。安州红腐乳从选料到成品要经过近30道工序，从豆子选料、浸泡，豆腐熬制，完全按照祖传工艺制作，十分考究。腐乳装坛后还要继续浸润，数月后才能开坛享用，是十分传统的一种腐乳。红腐乳的表面裹上辣椒面、花椒面和食盐配制的混合调味粉，呈自然红色，切面为黄白色，口感醇厚，风味独特，除佐餐外常用于烹饪调味品。其成分也含有较多的蛋白质，以色正、形状整齐、质地细腻、无异味者为佳品（图3-6）。

图 3-6 安州豆腐乳

腐乳中锌和B族维生素的含量很丰富，腐乳的蛋白质含量是豆腐的两倍，且极易消化吸收，所以被称为“东方奶酪”。生产原料中富含植物蛋白质，经过发酵后，蛋白质分解为各种氨基酸，可直接消化吸收，故能健脾养胃，增进食欲，帮助消化。

六
北川老腊肉

北川腊肉是绵阳市北川县的特产。四川各地腌制的腊肉口味都不尽相同，北川腊肉更是风味独特。北川聚集着淳朴的羌族人民，他们以当地的玉米和青草养猪，猪肉紧致细腻，味道鲜美，口感更是有独特的山野味道。

北川老腊肉生产工艺流程

原料→备料→腌渍→熏制→贮藏→成品

北川老腊肉生产工艺要点

（1）材料准备　猪、松柏树枝、食盐、花椒、茴香、桂皮等辅料。

（2）备料　取皮薄肥瘦适度的鲜肉刮去表皮污垢，切成0.8～1千克、厚4～5厘米的标准带肋骨肉条。如制作无骨腊肉，还要剔除骨头。加工时用食盐、花椒、白糖、白酒及酱油等配料。

（3）腌渍　腌渍主要有三种方法。

①干腌：将切好的肉条用腌料擦抹擦透，按肉面向下顺序放入缸内，最上一层皮面向上。剩余干腌料敷在上层肉条上，腌渍3天翻缸。

②湿腌：将无骨腊肉放入配制好的腌渍液中腌15～18小时，中间翻缸2次。

③混合腌制：将肉条用干脆料擦好放入缸内，倒入灭过菌的陈腌渍液，使其淹没肉条，混合腌渍法的食盐用量不超过6%。

（4）熏制　熏制前必须漂洗和晾干。使用木屑和木炭进行熏制，将晾好的肉坯挂在熏房内，引燃木屑，关闭熏房门，使熏烟均匀散布，熏房内初温70℃，3～4小时后逐步降低到50～56℃，保持28小时左右为成品。刚刚制成的腊肉，须经过3～4个月的保藏使其成熟。

2015年，北川老腊肉制作技艺被列入绵阳市非物质文化遗产名录。北川腊肉采用特殊的北川传统工艺进行腌制，腊肉色泽鲜亮，风味醇美，肥而不腻，瘦而不柴，适应现代人对营养健康饮食的需求（图3-7）。

图3-7　北川老腊肉

自贡市盐业历史博物館
郭沫若

第四章

千年盐都——自贡

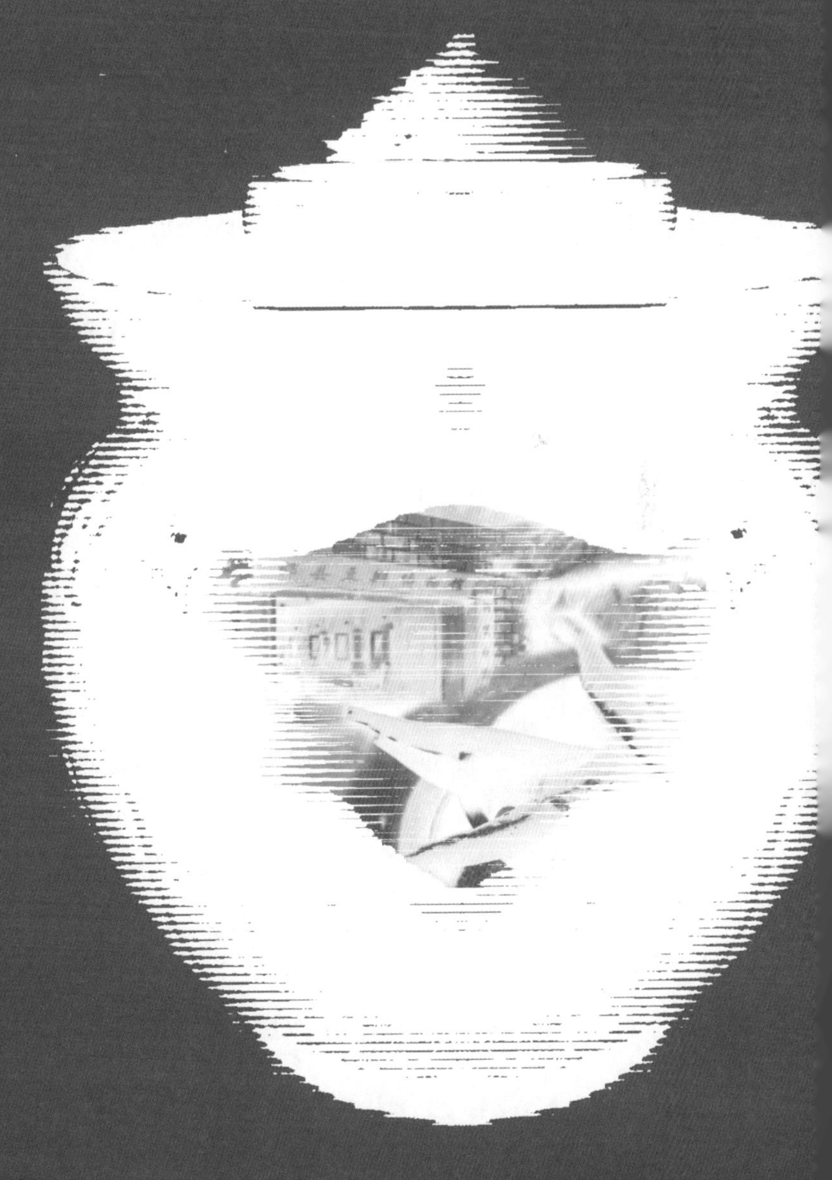

自贡，简称“井”，位于四川省南部，由四个市辖区和两个县组成。自贡因盐而生、因盐而兴，其名称由“自流井”和“贡井”两个盐井名称合并而来。此外，自贡还具“恐龙之乡”“南国灯城”及“美食之府”等称号。

随着盐业的发展和繁荣，自贡形成了独特的饮食文化。冷吃兔、富顺豆花、开花白糕及盐帮菜等均为自贡特色美食。此外，当地的传统发酵食品也是自贡美食的重要组成部分，如自贡独具特色的太源井晒醋、天车牌甜面酱等，成为自贡美食的点睛之笔。

一
太源井晒醋

太源井晒醋产于沿滩区；据同治十一年编撰的《富顺县志》记载，太源井晒醋被列为富顺县名优土特产品已有百余年历史。太源井人徐大安经营“福兴祥”酿醋业，此后帮工中有些人另立门户，先后到赵化镇、狮子滩（现富顺县狮市镇）、流水沟（现富顺县永年镇）兴办了酿醋业；其中太源井的“同兴公”因牌子老、技艺高而被视为正宗产品。1958年沿滩区供销社召回李八爷的徒弟曾宏发做掌缸师，兴办太源井酿造厂；1960年又请来酿造技艺高超的詹荣声。此后醋厂经三次扩建改造，厂区占地八千平方米，有年产晒醋500吨的生产能力。后曾宏发、詹荣声先后去世，由汪志华继任，成为太源井醋厂第四代掌缸师。汪志华先师承曾宏发，后又拜师詹荣声，兼得两师之长，发展了酿醋工艺。

太源井晒醋沿用清朝道光二十八年（1848年）的传统秘方，以麸皮、大米为主要原料，辅以乌梅、肉桂、木瓜、甘草等108种中草药制成药曲，通过传统工艺的蒸煮、发酵、日晒、陈酿四大工艺流程，20多道工序制成，陈晒期2年以上，产品有五年珍品、三年珍品、口服晒醋、1848特醋、特酿、特醋、一醋、二醋、香晒醋等20多个品种。产品呈棕红褐色、酸味醇厚，微甜爽口，回味悠长，裨益人体。中草药制曲、传统工艺、天然发酵，是太源井晒醋区别于其他食醋之根本所在。太源井晒醋于2009年、2010年连续两年被评为“中国西部国际农产品交易会最畅销产品奖”，连续五届荣获“自贡市知名商标称号”，2011年获“自贡市农业产业化重点龙头企业”称号，“太源井晒醋酿制技艺”入选四川省非物质文化遗产名录。

太源井晒醋生产工艺流程

太源井晒醋生产工艺流程如图4-1所示。

（1）蒸料　（2）拌醅　（3）发酵　（4）淋醋　（5）晒制熟化　（6）成品灌装

图4-1　太源井晒醋生产工艺流程

太源井晒醋生产工艺要点

（1）制曲原料　采用肉桂、木瓜、乌梅、甘草等中草药，其中肉桂≥15%、木瓜≥5%、乌梅≥5%、甘草≥5%。

（2）包药　每1.5千克中草药分包为一块药曲砖。

（3）曲块发酵风干　自然发酵，自然风干。

（4）蒸煮　以大米为原料进行蒸煮，形成蒸煮母液。

（5）母液培养　蒸煮母液加入曲砖进行发酵，发酵期在15～20天，每天搅拌1～2次，生成成熟母液。

（6）拌醅　将麸皮放入醋醅发酵池中，再加入母液，搅拌、浸泡12小时以上，次日搅拌2～3次，进行堆积发酵，待温度自然上升为33℃左右翻醅，每天翻拌一次，持续13～15天。

（7）陈酿　分为自然陈酿法和恒温陈酿法。

①自然陈酿法：醋醅装坛置于室外陈酿，陈酿时间2年以上。

②恒温陈酿法：醋醅装坛置于陈酿恒温室内（60℃）陈酿，陈酿时间60天以上。

（8）晒制熟化　将装有生醋的陶土罐放在自然环境下，晒制1年以上进行熟化。

据研究，太源井晒醋中含人体必需的8种氨基酸及多种微量元素，是上乘的调味品。

二
天车牌甜面酱

天车牌甜面酱是自贡天味食品股份有限公司天车牌代表产品之一。以面粉为原料，与水拌和后蒸煮，放凉后放入曲床，接种米曲霉发酵，发酵结束后将成熟酱醅磨细过筛，通过蒸汽加热灭菌即成成品。

自然发酵的甜面酱在自然条件下，经过1年左右的日晒夜露，空气中不同的微生物进入甜面酱参与发酵，形成独特的风味和良好的口感。其中甜面酱发酵过程主要含有芽孢杆菌、黑曲霉和米曲霉。由于自然发酵甜面酱易受到天气的影响，且发酵周期较长，天车牌甜面酱也选择室内保温发酵，使甜面酱免受天气的影响，并可有效缩短发酵时间。现发现自然发酵的甜面酱中细菌、酵母菌浓度高于保温发酵，且甜面酱风味优于保温发酵的甜面酱。目前天车牌甜面酱将两种工艺结合，提高了生产效率（图4-2）。

甜面酱常用的食用方法有制作炸酱、炒菜调味、佐餐、作烤鸭蘸料，也是四川特色酱腌肉所必不可少的调料。

（1）自然发酵　（2）保温发酵

（3）日晒夜露

图 4-2　天车牌甜面酱制作过程

三
燕窝丝

自贡燕窝丝始创于1965年，1990年8月获四川省风味小吃奖。燕窝丝在形态、调味和口感上不同于通常的面食花卷，原料采用面粉、白糖、猪油、蜜樱桃等蜜饯，以精湛的工艺，将发酵的面团拌成丝条，卷成燕窝丝状，上笼蒸熟而成。

燕窝丝生产工艺流程

面粉→制发酵面团→制面条→加什锦蜜饯→制燕窝形生坯→蒸制→成品

燕窝丝生产工艺要点

（1）制发酵面团　酵母加少量温水化开，倒入面粉里，再加入水、白糖，揉成柔软的面团，放在温暖处发酵至两倍大。

（2）制面条　将发酵好的面团用擀面杖擀成长方形，擀薄一些，制成面条，把混合后的猪油、香油均匀地刷在面条上，再放上切成细粒的什锦蜜饯。

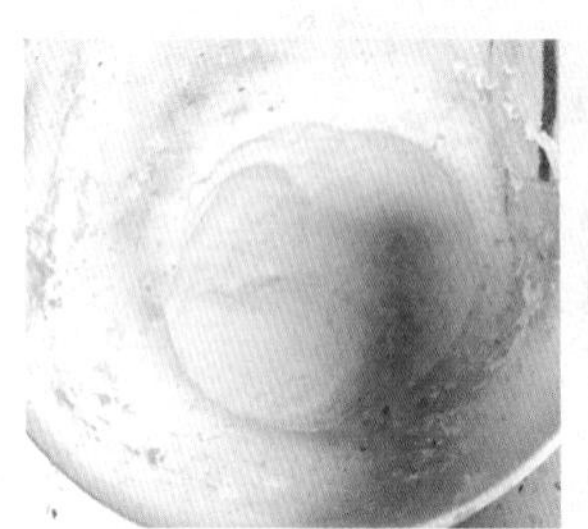

（1）面团发酵

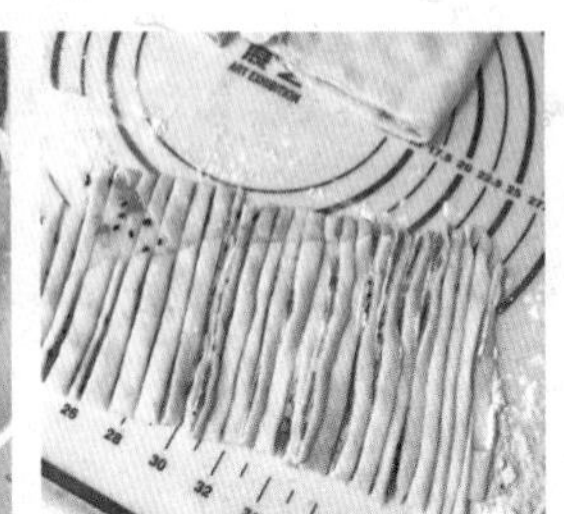

（2）造型

（3）二次发酵

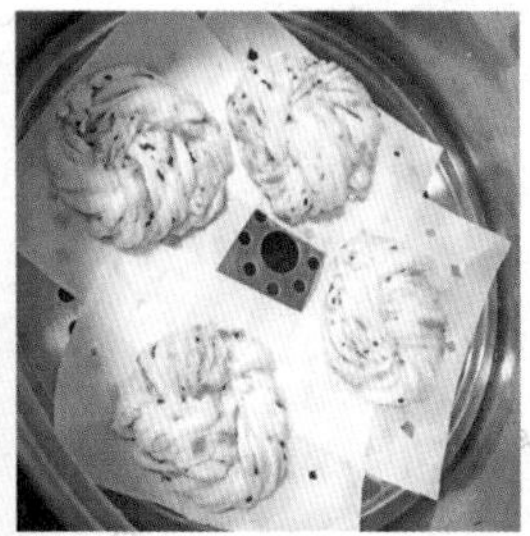

（4）蒸制

图 4-3　自贡燕窝丝制作过程

（3）制燕窝形生坯　将面条切成小节，用竹筷将每一份面条卷成燕窝形生坯，中间放一颗蜜樱桃。

（4）蒸制　把做好的生坯放入竹笼内，用大火蒸12分钟，熟后即成（图4-3）。

燕窝丝制作中用到的是经过酵母菌发酵而成的面团。在发酵过程中，酵母增加了面筋的延展性，使发酵过程中产生的二氧化碳能够留在面团内，增加了面团的可持气性。在蒸制过程中，二氧化碳受热膨胀，使燕窝丝变得松软可口。

自贡燕窝丝具有松泡散软、丝条均匀、香甜爽口等特点，将发酵面团卷成燕窝丝状较花卷形态更为均匀、美观。自贡燕窝丝在形态、调味和口感上，已不同于通常的面食花卷，成为糕点中的新葩。它不仅作为宴席上的小吃，还成为群众喜爱的早点，并得到国内外宾客的称赞。

四
开花白糕

开花白糕是四川自贡经典的特色小吃。清光绪年间，富顺县城郭三娘售卖的醪糟和白糕小吃因质优价廉，远近闻名。后传艺于林玉山、林兆华、罗国际等，百年不衰，享有盛名。1990年获四川风味小吃奖。

开花白糕是将糯米浸泡胀发，石磨碾成均匀细米面；酵母发酵或自然发酵，再添加适量白糖上笼蒸熟食用。开花白糕形似棉桃，开花自然，柔软爽口，清甜微酸，深受好评（图4-4）。

图4-4　开花白糕

第五章

阳光花城——攀枝花

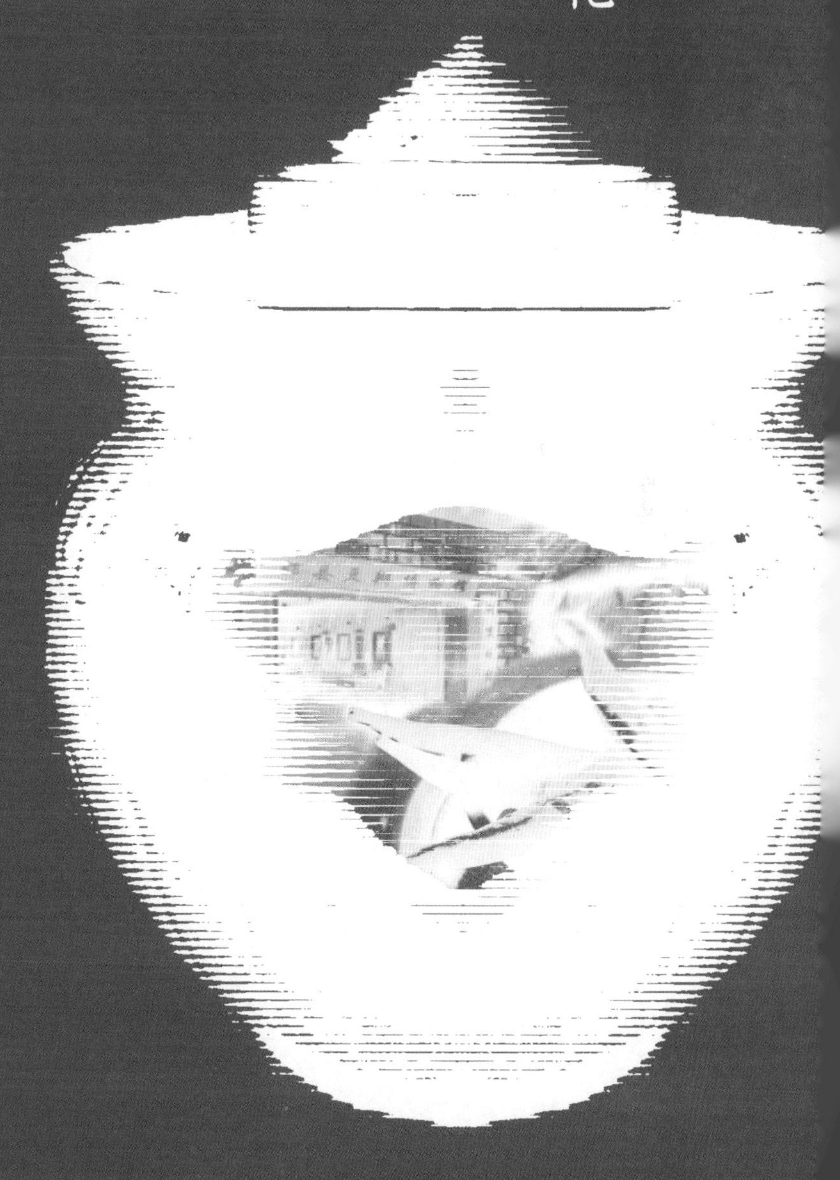

攀枝花是全国唯一以花命名的城市，享有“花是一座城，城是一朵花”的美誉。攀枝花地处南亚热带，气候立体，夏季长且四季不分明，全年温度较高，形成了适宜亚热带水果生产种植的特殊环境。

攀枝花全市由42个民族组成，形成了多样化的文化特点，攀枝花盛产水果，芒果、枇杷、石榴等均登记注册了农产品地理标志；小吃种类丰富，如羊耳鸡塔、羊肉米线等。但传统发酵食品种类较少，主要有油底肉和双色米糕。

一
油底肉

油底肉产于盐边县，目前，盐边油底肉产地共有桐子林镇、渔门镇、永兴镇、红果彝族乡、共和乡、箐河傈僳乡、温泉彝族乡、国胜乡、惠民乡、鳡鱼彝族乡、红宝苗族彝族乡、格萨拉彝族乡12个乡镇现辖行政区域。

相传三国时，建兴三年（公元225年），诸葛亮认为解决“内忧”的时机已经成熟，于是在此年春亲率大军南征，他亲率西路大军由安上（今宜宾屏山县）沿绳水（金沙江）水路进入越嶲郡，在越嶲一役中大败叛军。在将叛军首领高定元斩首后，诸葛亮继续率大军南下向盘踞在南中益州的孟获发起讨伐，大军经会无（今会理县）由古渡口拉祚渡过泸水（雅砻江）进入盐边地界驻扎休整，史称“五月渡泸，深入不毛”。此时诸葛亮的南征大军经千里跋涉、一路征战已是人困马乏，再加上战线过长，后勤补给困难，气候炎热，肉类送抵前线早已腐烂变质而不能食用，致使将士们体质每况愈下，战斗力呈下降趋势，诸葛亮对此十分着急，但一时又想不出好的解决办法来。一日夜晚，诸葛亮怀着十分忧虑的心情带着两名贴身侍卫走出军帐漫步，不知不觉中来到当地一原住民家中，主人见有贵客临门，忙吩咐家人摆上酒肉招待丞相，诸葛亮夹起碗中一片肉放入口中慢慢细嚼，这肉不是新鲜猪肉却口感细腻、香味绵长，诸葛亮颇感奇怪，忙问“这肉是如何制作的？放了多久？”主人答曰：“是当地笮人发明的，名曰油底肉，这肉已存放一年多了。”诸葛亮听罢，暗自叫好，忙起身拽着主人道：“走，到我军帐中去教军厨们制作油底肉。”就这样，诸葛亮在无意中就成功地找到了解决军中将士们营养补充问题的办法，使将士们的体能和部队的战斗力得到了恢复，并在后来的战役中留下了“七擒七纵”孟获的美谈。翌年秋，诸葛亮完全取得了平定南中的胜利，班师回朝后，每每提到油底肉都还总免不了要大加称赞一番。

油底肉生产工艺流程

原料→修整→腌制→清洗→油炸→装坛→窖存→分装→成品

油底肉生产工艺要点

（1）修整　剔除淋巴组织，去骨留皮，切成一斤左右方块，便于炸透，保证肉块表里水分、油脂含量一致。

（2）腌制　用调制好的含有食用盐的传统腌料进行均匀干擦后放入容器内腌制2～3天，保证肉块入味。

（3）油炸　放置到已注入猪油的锅中油炸，肉要充分炸透、水分要炸干。

（4）装坛　炸好的肉需自然冷却，然后装到专用的烧制土坛中，注入猪油至淹没肉块为止。

（5）窖存　将装坛后的肉存放于温度在12～24℃的窖存室，窖存时间3个月以上，存放时需隔墙离地（图5-1）。

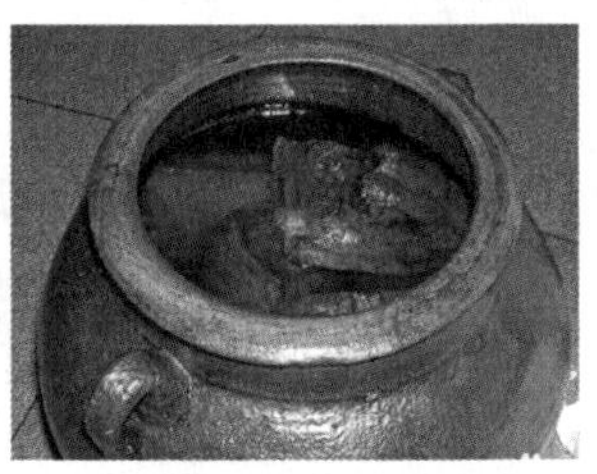

（1）洗净、分割　　（2）炸肉　　（3）装坛

图 5-1　油底肉制作过程

今天生活在笮山若水的盐边人，不仅把祖先发明的油底肉加工制作技艺发挥到了极致，而且还把它推向了市场，如攀乡经贸有限公司，着力将攀枝花特色产品品牌化。“攀乡牌”盐边油底肉的猪肉原料选择木龙、格萨拉等天然无污染放养猪，严格按照传统工艺，制成的油底肉色泽黄亮、入口味鲜滋糯，肥而不腻，肥肉入口化渣，瘦肉口感细腻松软，拥有浓郁而原始的肉香，且贮藏时间长。

二
双色米糕

双色米糕是攀枝花东区的特产，因其呈双色，且米糕软糯，口感细腻，而受到大众的喜爱。

双色米糕以籼米为原料，将籼米淘洗干净，清水浸泡10小时，沥干水分后与清水和匀，用石磨磨成米浆，再加入活化的酵母液，搅匀发酵（夏季10小时，冬季20小时）。待发酵后，加入苏打、白糖和匀即为糕浆。在蒸笼里放一正方形木框，垫上一张湿纱布，把一半糕浆倒入其中，用旺火蒸15分钟，揭开笼盖，把剩下的糕浆加食用红色素染成粉红色，也倒入木框中，用旺火再蒸20分钟即可。出笼后稍晾凉，切成菱形块即成（图5-2）。

（1）醒发　　（2）蒸制

（3）成品

图 5-2　双色米糕制作过程

第六章

醉美江城——泸州

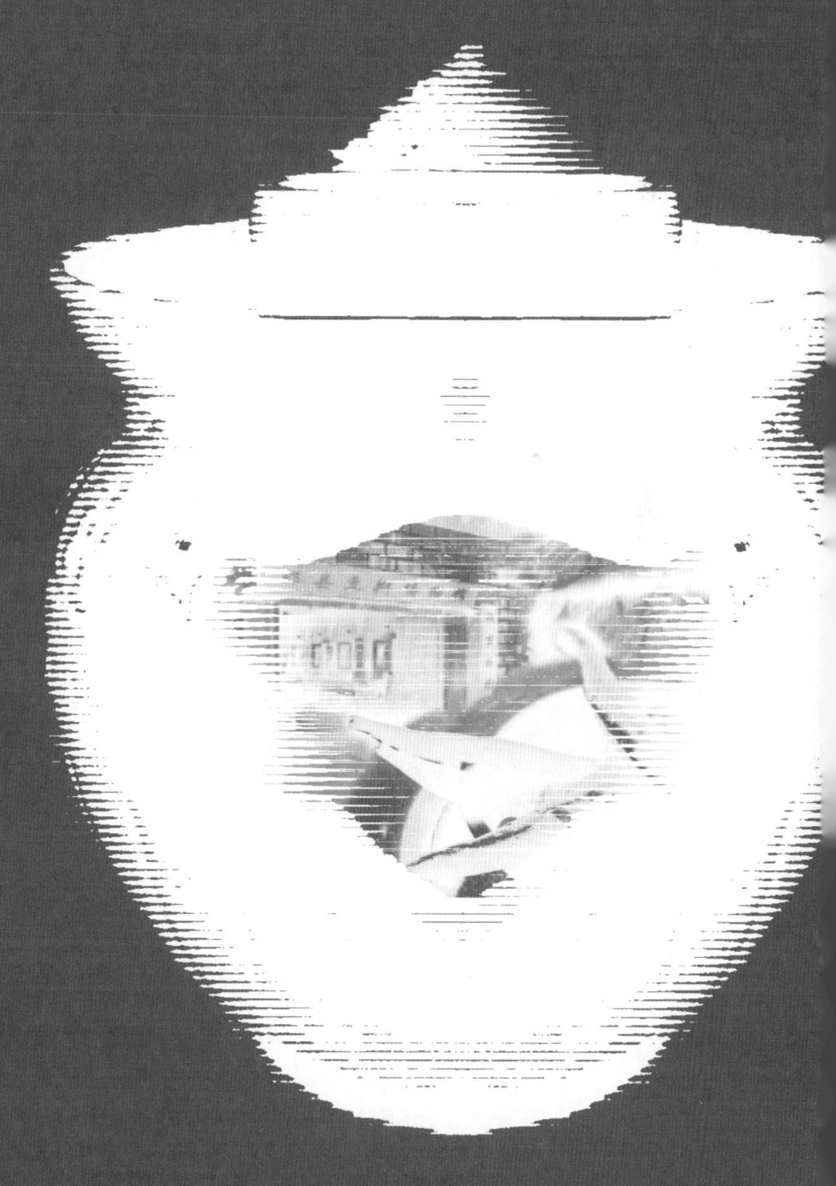

泸州，古称“江阳”，是川滇黔渝结合部的区域中心城市，由三个区、四个县组成。泸州属亚热带湿润气候区，日照充足，雨量较大。泸州境内江河溪流众多，由南、北方分别汇入长江，水资源丰富。

泸州因其酒业发展繁盛而称“酒城”，是世界级白酒产业基地。泸州目前有国家级非物质文化遗产6项，其中包括泸州老窖酒酿制技艺、古蔺郎酒酿造技艺及先市酱油酿造技艺。白酒产业是泸州传统发酵食品的重要组成部分。

一
泸州老窖

泸州老窖是中国最古老的四大名酒之一，有“浓香鼻祖，酒中泰斗”的美誉。泸州老窖酒的酿造技艺发源于古江阳，是在秦汉以来的川南酒业发展这一特定历史氛围下，逐渐孕育，兴于唐宋，并在元、明、清得以创制、定型及成熟的。世代相传，形成了独特的、举世无双的酒文化。据《宋史食货志》记载，宋代也出现了“大酒”“小酒”之分。所谓“小酒”，当年酿制，无需贮存。所谓“大酒”，就是一种蒸馏酒，从《酒史》的记载可以知道，大酒是经过腊月下料，采取蒸馏工艺，从糊化后的高粱酒糟中烤制出来的酒。而且，经过“酿”“蒸”出来的白酒，还要贮存半年，待其自然醇化老熟，方可出售，史称“侯夏而出”。这种施曲蒸酿、储存醇化的“大酒”在原料的选用、工艺的操作、发酵方式以及酒的品质方面都已经与泸州浓香型曲酒非常接近，可以说是今日泸州老窖大曲酒的前身。元、明时期泸州大曲酒已正式成型，据清《阅微堂杂记》记载，元泰定元年（公元1324年）泸州也酿制出了第一代泸州老窖大曲酒。明代洪熙元年（公元1425年）的施进章研究了窖藏酿酒。现在唯可考究的为明万历年间的舒聚源作坊窖池，距今也有

400多年的历史，它就是利用“前期以酒培植窖泥，后期以窖泥养酒”的相辅相成的关系，使微生物通过酒糟层层窜入酒体中而酿造出净爽、甘甜、醇厚、丰满的泸州老窖酒。该糟房流传下来的窖池即是现在尚在使用的泸州老窖明代老窖池。

至元泰定年间，泸人郭怀玉首创“甘醇曲”（即沿用至今的大块曲药），酿造出第一代“泸州大曲酒”。其后，泸酒酿制技艺世代口传身授，薪火相承。1952年，在新中国成立后的首次名酒评比中，泸州老窖特曲被评为首届中国名酒，由此正式确立泸型酒（浓香型白酒）典型代表的身份。此后，泸州老窖连续获得历届中国名酒称号，成为浓香型白酒中唯一蝉联五届中国名酒的白酒。2006年，泸州老窖酒传统酿制技艺入选首批国家级非物质文化遗产名录，成为浓香型白酒的唯一代表。2007年，泸州老窖酒传统酿造技艺传承人赖高淮、沈才洪被国务院评定为首批国家级非物质文化遗产代表作传承人。

“泸州老窖酒传统酿造技艺”由大曲制造、原酒酿造、原酒陈酿、勾兑尝评等多方面的技艺构成。20世纪90年代后泸州老窖建成全国规模最大的楼盘制坯、培菌、发酵、贮曲、粉碎，年产量上万吨的制曲生态园，先后开发出系列曲药品种，进而从曲药品种角度推动了浓香型大曲酿酒技术的进步，其创始人是泸州大曲工艺发展史上继郭怀玉、施敬章之后的第三代窖酿大曲技艺的创始人舒承宗。他继承舒氏酒业，直接从事生产经营和酿造工艺研究，总结了从“配糟入窖、固态发酵、酯化老熟、泥窖生香”的一整套大曲老窖酿酒的工艺技术。20世纪60年代初期，在泸州曲酒的勾兑工作中，由糟酒勾兑进一步发展成酒相互掺兑，俗称“扯兑”，以一定的比例混合在一个坛中，然后包装出厂。20世纪80年代以后，勾兑技术引入了现代化分析检测技术；采用感官、色谱和常规分析基础酒的数据来综合验收，从而提高了产品优质率。

泸州老窖一路走来，早已蜚声海内外。2013年5月3日，“泸州老窖窖池群及酿酒作坊”入选第七批全国重点文物保护单位、国家非物质文化遗产；2006年5月，泸州老窖酒作为浓香型白酒的唯一代表，其传统酿造技艺入选首批国家非物质文化遗产名录，与“1573国宝窖池群”并称为泸州老窖的文化遗产双国宝。

泸州老窖生产工艺流程

泸州老窖生产工艺流程见图6-1。

看花摘酒是在蒸馏取酒过程中，流出的酒由于乙醇与水的表面张力不同，不同的酒度（酒精浓度）呈现出不同大小的液珠（俗称酒花），而且停留的时间长短不同。匠人正是凭此判断酒精浓度，以掌握取酒时间。出甑是紧接摘酒之后的工艺流程，原酒酿造采用“叉子撬出糟醅、叽咕车运送糟醅”等技艺出甑。在长期的酿造过程中，先人们总结出了许多顺口的语言来描述泸州老窖酒传统酿造技艺的要点，如“头粮、二曲、三匠人”“一窖、二料、三工艺、四管理”等。尝评是通过“眼观、鼻闻、口尝”的方式，从色泽、香气、味道、风格四个方面来判断酒质。酒体中的物质，因其“阈值”的大小不同而呈现“酸、甜、苦、辣、涩、咸、鲜”等味道，通过对酒体的勾调，可使之保持平衡、协调。

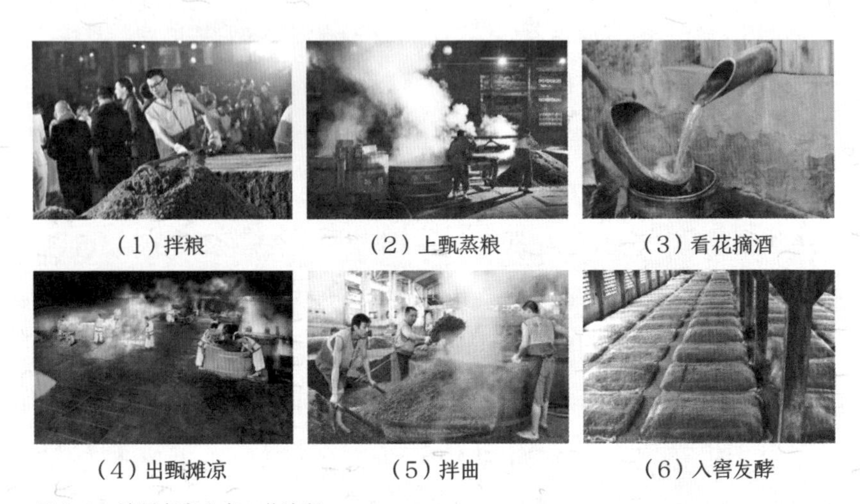

（1）拌粮　（2）上甑蒸粮　（3）看花摘酒

（4）出甄摊凉　（5）拌曲　（6）入窖发酵

图6-1　泸州老窖生产工艺流程

泸州老窖是泸州地区浓香型白酒的代表，以粮谷为主要原料制曲，酒母为糖化发酵剂，其生产工艺包括蒸煮、糖化、发酵、蒸馏四个阶段，由十二道工序完成，其中发酵后的酒糟被留在窖中循环利用，多次发酵形成了丰富的微生物群，具有“千年窖万年糟”的特点。老窖内的天然微生物发酵生产白酒，老窖内除了酵母菌外，还有众多菌种，是天然的微生物聚集之地。菌种多样化，这也是“泸州老窖”的一大神秘特色。“泸州老窖”的窖池是精选城外五渡溪优质黄泥和凤凰山下龙泉井水掺和踩揉建成的发酵容器。由于筑窖用的是细腻无沙的黄泥，黏性很强，腐殖质形成网状胶体结构，保水性好。黄泥经过若干年浸润，泥色由黄变乌，由乌转灰，转乌黑，再转灰白，泥质由柔变脆，在光线的照射下，显现出红、绿、蓝等色彩，且有一种香沁脾胃的香味，以此老窖酿出的酒格外“醇香浓郁、回味悠长、清洌甘爽、饮后尤香”。据研究，“泸州老窖”明代老窖池中含有600多种微生物，如厌氧异养菌、甲烷菌、己酸菌、乳酸菌、硫酸盐还原菌和硝酸盐还原菌等，组成了一个特殊的微生物共生群落系统。

二 潭酒

潭酒，是仙潭酒业集团旗下酱香型白酒，历史悠久，名贯古今。据《古蔺县志》记载：古蔺古属夜郎国，夜郎人勤劳、勇敢，用本地盛产的糯高粱和小麦酿造出的“潭酒”“仙潭酒”，因其工艺精湛、风味独特、酒质特佳，深受百姓喜爱，时至明朝初年，皇帝朱元璋派史臣张伦臣出使夜郎，张伦臣得饮“潭酒”和“仙潭酒”后称赞不已，回朝时带回“潭酒”和“仙潭酒”，献给明朝皇帝朱元璋，皇帝饮“潭酒”“仙潭酒”后大为赞赏，御封为“贡酒”，传旨每年进贡“潭酒”“仙潭酒”各一百坛，从此，“潭酒”和“仙潭酒”声名远扬，轰动华夏，“潭酒”“仙潭酒”从明朝初年起至今已有的600余年历史，具有深厚的历史文化底蕴。

为了将传统酿酒工艺传承下去，也为了带动古蔺县经济，1981年古蔺县工业局在原石亮河仙潭酒作坊的基础上扩建曲酒厂。厂名初期命为古蔺县石亮河曲酒厂，1984年更名为国营四川古蔺县曲酒厂，1993年更名为中国四川仙潭酒厂，2005年组建四川仙潭酒业集团有限责任公司（图6-2）。1993年，“仙潭”牌大曲和“潭”牌潭酒双双荣获国际博览会“国际特别金奖”，并被授予“世界名酒”称号。2010年，中国四川仙潭酒厂被国家统计局和食品工业协会权威认定为“全国酱香型白酒产销前三强”企业。2014年，潭酒入驻中国（泸州）国际酒类博览会永久性白酒名酒馆。

潭酒每年在重阳开始投料，其生产工艺的特别之处在于生产过程（图6-3）中的高温制曲、高温堆积发酵、高温馏酒。潭酒中的微生物主要是霉菌、嗜热芽孢杆菌、酵母菌。高温制曲工艺是大曲酱香白酒酿制所独有的制曲方式。曲料被制成一块块的曲块，使温度逐渐上升到60℃，先经过40天的发酵，再经过6个月贮存才能使用。其曲子发酵时间之长、温度之高，在白酒生产中首屈一指。高温堆积发酵一方面是指曲料在60℃的高温下经过40天的发酵才能使用；另一方面是指从重阳下沙开始到一个生产周期结束后整个周期要进行8次加曲发酵，这8次发酵也是要在高温堆积下发酵。馏酒是蒸馏白酒的一项工艺，酒醅经过蒸

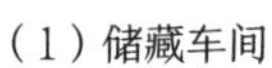

（1）储藏车间

（2）发酵车间

图 6-2　仙潭酒厂厂区图　图 6-3　潭酒生产过程

煮，通过蒸馏工艺获得酒体。高温馏酒是酱香型白酒的一种独特工艺，能使易挥发的有害物质更多地挥发掉，从而留下有益的物质。

潭酒主要分为红潭酒和年份潭酒。红潭酒特点是微黄透明、酱香明显、陈香好、醇和细腻、酒体谐调、回味长、空杯留香、酱香风格典型。年份潭酒则微黄透明、酱香突出、陈香舒适、醇厚绵柔、幽雅细腻、回味悠长、空杯留香持久、酱香风格典型。

三
郎酒

古蔺郎酒的正宗产地是古蔺县二郎滩镇，于“中国白酒金三角”核心区域赤水河中游，此镇地处赤水河中游，有清泉流出，泉水清澈、味甜，人们称它为“郎泉”。因当地人取郎泉之水酿酒，故名“郎酒”。古蔺郎酒已有100多年的酿造历史。据资料记载，清朝末年，当地百姓发现郎泉水适宜酿酒，开始以小曲酿制出小曲酒和香花酒，供应当地居民饮用。1932年，由小曲改用大曲酿酒，取名“四沙郎酒”，酒质尤佳。从此，郎酒的名声越来越大，声誉也越来越高。

郎酒厂始建于1921年，为当地富商合资开办，所产郎酒与贵州茅台酒同一师传，其生产工艺和风格特点与茅台酒相同。2004—2005年度，郎酒位列中国白酒行业品牌价值第三名。2008年“郎酒传统酿造技艺”被列入第二批国家级非物质文化遗产名录。

古蔺郎酒的生产选用米红粱为原料，农历五月完成米红粱的润粮、磨碎后，进入制曲车间，从端午到重阳，经过40天高温入仓发酵和三个月以上的贮存制成曲母。重阳开始进入两次连续性集中式投粮，一次投粮称为“下沙”，红色细小的米红粱经精挑细选后，沸水条件下拌匀上甑蒸熟，按比例添加曲母，进行堆积发酵，酒糟堆成两米左右的圆锥状，至外层温度达到五、六十摄氏度完成一次发酵；发酵完成后将剩余的酒曲放于窖坑中封存。郎酒在发酵过程中，糟醅不同层面微生物区系在数量上有一定的差异，主要的兼性厌氧细菌及芽孢杆菌在上层分布略高于中层和下层。十一月进行二次投粮，又称为“插沙”，按第一次投粮比例，加入新的米红粱，重复第一次投粮的工艺，两次投粮过程中均不取酒，以此增加发酵时间。投粮结束后经过七次取酒，第三次至第五次的酒最好，称为“大回酒”，第六次的酒称为“小回酒”。最终将不同轮次的基酒和不同年份的基酒进行勾兑，按照不同比例勾兑出符合酱香口味和香气的酒。

溶洞窖藏是古蔺郎酒的一大特色，天宝洞和地宝洞是典型的喀斯特溶洞，洞壁有约10厘米厚的酒苔，洞内常年19℃左右恒温，为微生物群落生长提供了良好的环境（图6-4）。郎酒利用溶洞天然的洞藏效果，将新酿的郎酒于洞内贮藏三年，除去酒的燥辣感，使酒体柔和、醇厚且细腻。

古蔺郎酒是酱香型白酒的典型代表，有专家评价“郎酒的各种复杂香气之间，其酱香、焦香、酯香、醇香极为协调，大有增之一分则长，减之一分则短之概”，并以“酱香突出、醇厚净爽，幽雅细腻，回味悠长，空杯留香持久”的独特口感特征而深受海内外消费者所喜爱。

（1）天宝洞

（2）地宝洞

图6-4　溶洞窖藏

四
稻香村酒

稻香村酒由泸州稻香村酒业有限公司生产，坐落于泸州市叙永县百花山，距离县城1.5千米。2007年“稻香村”38度浓香型纯粮白酒荣获广东国际酒饮博览会38度白酒类唯一金奖；同年“稻香村”品牌被评为“泸州市知名商标”和四川省优秀旅游产品。

稻香村酒采用泸州老窖酒传统酿造工艺，以高粱为原料，糠壳为辅料，小麦制曲，续糟配料，混蒸混烧，在窖内以固态自然长期发酵而成。稻香村优质浓香型纯粮白酒，浓郁不失幽雅，纯正而细腻，绵甜爽净，回味悠长，给人一种高品位的享受。

五
叙永香茗

叙永香茗是泸州市叙永县的著名特产，叙永香茗系列主要包括叙永后山茶、叙永红岩茶和叙永九鼎茶，在唐宋时就随泸茶一起驰名海内，产茶历史悠久。

叙永后山茶场位于“高山多雾山名茶”的后山镇。所产茶叶条索紧秀、匀整、显毫，汤色浅黄明亮，滋味鲜醇爽口，独秀一方。“后山牌”系列花茶均以优良茶坯和上乘茉莉花窨制而成，曾多次在全国和全省的各类花茶评比中获部优、省优产品称号（图6–5）。有诗赞曰：“连天绿海吐龙芽，芳草如茵土径斜。手挽筠篮迎晓日，肩挑新叶送流霞。经翻陆羽云腴美，种别卢仝雀舌佳。欲问佳茗何种好，部省金奖后山茶。”

红岩茶以产于红岩风景区而得名，为历代“贡品”。有诗云：“紫霞峰顶绿莹莹，雨霁风和晚照明。千年老圃濡新绿，万亩青波叠翠屏。嫩蕊频飞香海外，春眉几度去京城。载世文章真豁达，一支妙笔定茶经。”近年来，传统制茶工艺与现代科技革新有机融合，生产出“红岩迎春”等系列名茶，使历史贡品焕发青春。“红岩迎春”具有上市早，白毫披露，条索紧密，叶芽壮实，嫩绿匀整，汤色黄绿明净，茶叶清香甘醇等优点，1987年被评为四川省名茶（图6-5）。

图 6-5　叙永香茗

六
先市酱油

先市酱油产自先市镇，已有120余年历史，其坚持使用石、木、竹制手工器具，酿造器具上富集了多种有益微生物菌群，为天然多菌种制曲、发酵提供了空间。酱油的原料选用当地传统种植的大豆、小麦，颗粒饱满，富含蛋白质，出油率高。赤水河水质清洌，富含多种益于人体健康的微量元素和偏硅酸等天然矿物质，为先市酱油的酿造提供了良好的条件。

先市镇是历史悠久的文化古镇，始建于唐朝，先市酱园始于清代光绪十九年（1893年），先市镇乡绅袁映滨（字海宗）创业“江汉源”酱园。为促进酱园业兴旺，在酿造、制曲、发酵时，在厂区内三官庙祭祀天官、地官和水官，以保佑制曲、发酵过程中气候、温度、湿度等适中，保证酱油品质好、出油率高。民国中期，“江汉源”酱园与镇上另两家酱园厂合伙经营，更名为“同仁合号”（此招牌至今保存完整）。“同仁合号”酱园有天然晒露发酵缸600多口遗存至今；并有多家酱油销售店铺，其中一家至今仍在经营。民国期间，先市酱油远销香港。1956年，“同仁合号”酱园经公私合营，更名为“同仁合号先市酱园厂”；20世纪60年代末，“同仁合号先市酱园厂”改制为国营“泸州市合江先市酿造食品厂”；2014年更名为“合江县先市酿造食品有限公司”并沿用至今。

先市酱油被评为“四川老字号”，先市酿造厂老作坊获得“四川省重点文物保护单位”称号；先市酱油传统酿造技艺被列为第四批“国家级非物质文化遗产”；先市酱油为国家地理标志保护产品。

先市酱油始终采用传统的酿造方式（图6–6），酿造酱油的一个周期一般为6～8个月，大豆经过浸泡，入甑后蒸至均匀熟透，灭火后焖一晚，使大豆从高温状态下自然降温，加入面粉混合，讲究“轻”“匀”。制曲不采用人工菌种，而是利用空气中、工具上附着的天然菌种制曲。制曲后移入通风透光的晾房15天，至全部成熟。曲料制成后，移入晒露缸，加20%浓度的盐水，形成稀态酱油，在4～5年日晒夜露过程中，稀态自然转化成固态。酱坯成熟后，放入“秋子”（浸出酱汁的竹制用具），酱汁经秋子浸出，在秋子内舀取酱油。秋子浸出采用“一炮二

（1）翻晒

（2）取油

图 6-6　先市酱油制作关键

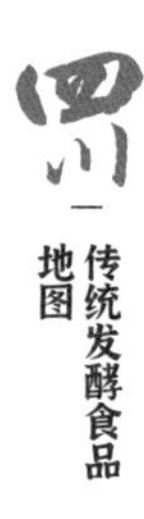

转”，在60℃盐水中将固态酱坯浸泡一天一夜，过程中多次转动酱汁，使之更清澈。最后煮沸灭菌，盛入容器密封，静止状态下储存5～6天，包装成品。

七
护国陈醋

护国陈醋是纳溪县护国镇的著名特产。护国陈醋具有悠久的酿造历史，据《纳溪县志》记载，可追溯到清末民初，据说当时有位叫刘再儒的人，祖辈农耕，家贫如洗，来叙蓬溪（护国镇旧名）打工做学徒，以谋生路，再儒自幼聪明，勤劳节俭，觉得长期寄人篱下也非办法。得亲友资助，便三上赤水，聘请酿醋名师张子清，得其祖传秘方而创“福泰长”酱园厂，这便是护国陈醋公司的前身。

2003年至今，护国陈醋已传至第九代传承人欧俊模，对护国陈醋进行了全方位的包装和改造，将传统工艺与现代科学酿造相结合，使得护国陈醋的生产更规范、科学与合理。2006年，四川省商务厅评定护国陈醋为“四川老字号”。2007年，护国陈醋传统酿造技艺被四川省文化厅列为“首批四川省非物质文化遗产”。

护国陈醋以大米、麦麸为主料，以当归、党参、人参等100多种中药为配方，通过传统工艺制成（图6-7）；经过煮、熬、发酵、装罐、日晒、浸泡等十多道工序，酝酿四、五百天，方出成品。护国陈醋具有独特的浓厚陈香，味道醇厚，回甜爽口，余味悠长，久存不腐且陈香更浓的特点。护国陈醋不仅含有丰富的蛋白质，而且富含各类维生素以及人体必需的微量元素等，经检验，其主要指标醋酸、氨基酸态氮、还原糖含量都高于国家一级醋标准。

（1）日晒发酵

（2）翻醅

图 6-7　护国陈醋制作关键

八
太伏火腿

太伏火腿是泸县太伏的特产。太伏火腿具有皮色黄亮，瘦肉鲜明似火，肥肉依稀透明，脂香醇美，咸度适中，肉质细嫩，肥而不腻，色、香、味、形、质优的“五绝”特点，素称筵席中的“夺魁名菜”。

太伏火腿主要由盐渍、烟熏、发酵及干燥四个步骤加工（图6-8）。将猪大腿切割，经过三次抹盐：第一次用盐在肉面均匀撒上一层，利用盐的高渗作用，使鲜腿的表层迅速脱水，24小时后二次用盐在表面覆盖较厚一层，使盐味浸到肉中，第三次用盐为进一步脱水。盐腌后再进行洗晒退盐，使用10℃左右的水浸泡15小时左右，最后在通风处，通过晾晒和风干发酵，猪腿水分蒸发，肌肉中蛋白质、脂肪分解，经2～3个月发酵完成，火腿形成独特的风味。食用时，先去毛再用温水洗涤或用淘米水浸泡2～6小时（根据个人口感）去掉过多盐分，可蒸食，可煮食，还可配以蛋、禽、水产品和蔬菜制作不同风味的菜肴。太伏火腿中内含有19种氨基酸，9种微量元素，5种维生素，故而营养丰富，风味独特，老少皆宜，是佐酒下饭之高档菜品。

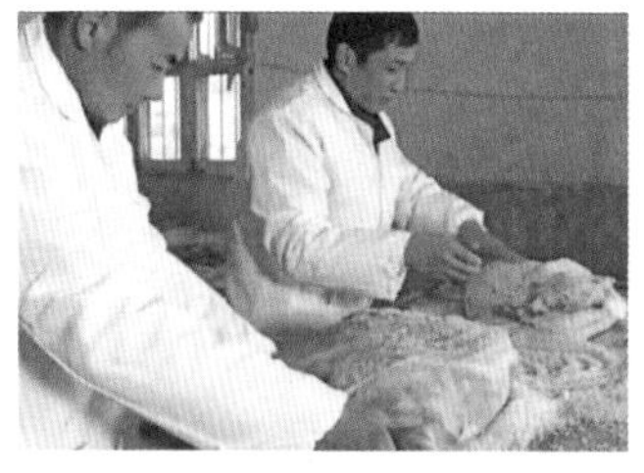

（1）盐腌

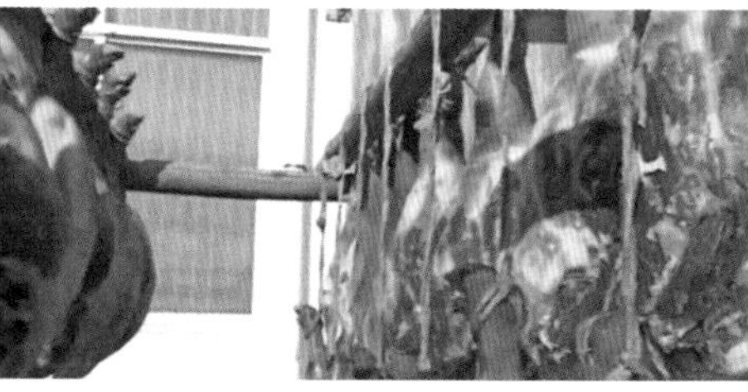

（2）晾晒

图 6-8　太伏火腿制作过程

九
仁和曲药

仁和曲药制作技艺历史悠久，工艺流程复杂，主要产品包括大曲、小曲、米曲。四川省泸县得胜镇仁和村的仁和曲药厂，是在小曲制作技艺的基础上发展而形成的，其产品制作技艺目前还保留着川南地区白醪曲制作的传统工艺。仁和曲药制作技艺具有极强的水源特征，原料和辅料的选择、配制特征。仁和曲药制作技艺被列入泸州市第三批非物质文化遗产名录，在第六代传承人钟定坤的带动下，仁和曲药厂已发展至九家。

曲药制作过程需要进行60多道全手工工序，主要原料有大米、米糠、麦麸皮，辅料有中草药，成品用于各种酒的发酵。其产品根据酿酒需要可分大曲、小曲、红曲、麦曲和麸曲等种类。其中由大米、糯米为主料，川芎、苍耳叶为辅料制作的米酒曲，是当地农村酿制米酒的发酵原料；它具有发酵时间短，发酵器具简易，可控温度区间宽，米酒香甜等基本特征。仁和曲药的制作从原料的选择与制备，种曲（娘药粉）的培植与选择，制作器具的消毒和使用，原料的蒸煮与配料，烘晾温度的控制，以及成品的精选和包装等都有一套完整、科学的工艺流程。

仁和曲药大曲生产工艺流程

原料→粉碎→搅拌→踩曲坯→发酵室培菌→成品

曲药制作选用“5–5号根霉”和北京微生物研究院引进自日本的“东方根霉”所得优良菌种“3866”为糖化菌，使产品具有适应性强、出酒率高且稳的特点。

三星堆

第七章 天府粮仓——德阳

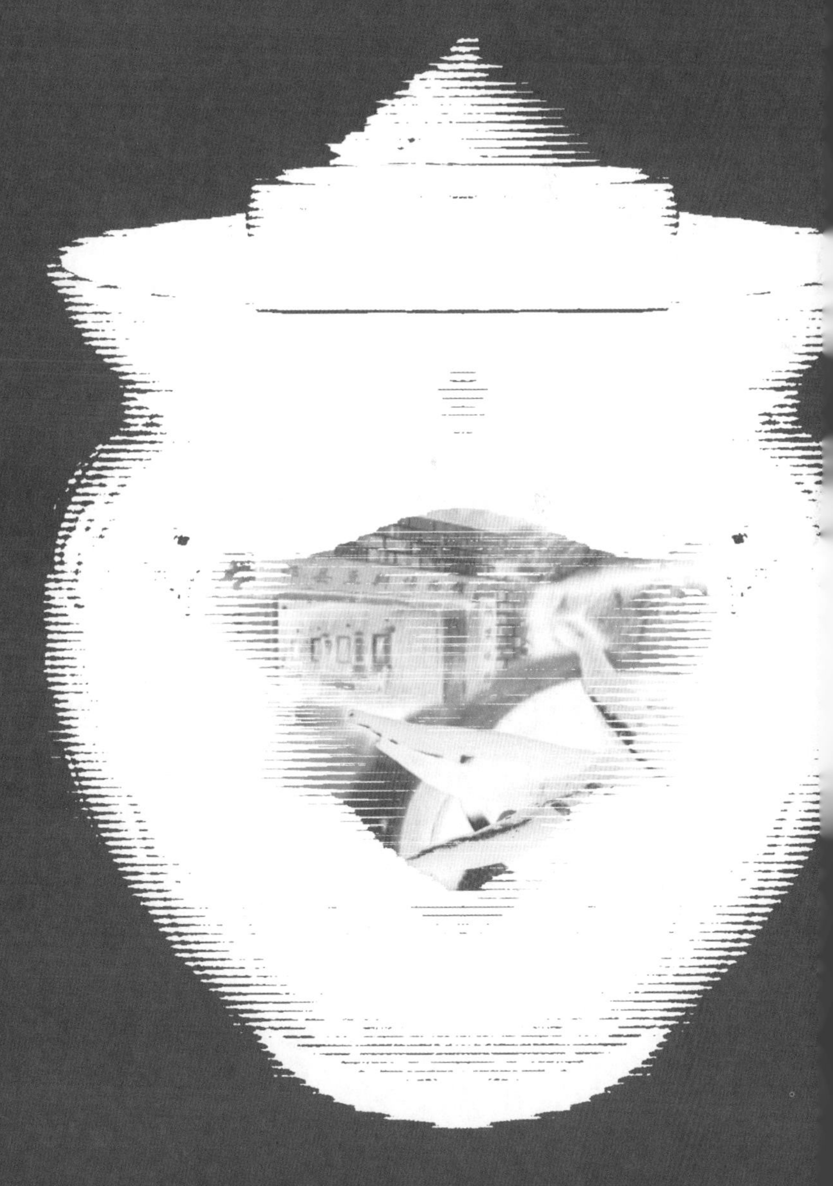

德阳，别名“旌城”，毗邻成都，位于成都东北部，由两个市辖区、一个县及三个代管县级市组成，是丝绸之路经济带和长江经济带的交汇处。德阳拥有三星堆古蜀文化遗址等景观，同时拥有丰富多样的美食特产，具有明显的德阳特色。

德阳全年气候温和，四季分明，降雨充沛，形成了德阳肥沃的土质，造就了丰富的物质基础，为传统发酵食品生产提供了条件。德阳的微酸性土壤占68.07%，为白酒酿造提供了良好的环境，是白酒发源地之一。

一
剑南春

剑南春浸润了上千年的悠久历史，它的诞生是一个复杂的过程：既来自得天独厚的土壤和水质，更取决于剑南春人勤劳的双手和集体的智慧。1951年5月，国营绵竹县酒厂宣告成立，这个厂就是今天“四川省绵竹剑南春酒厂”的前身。1958年3月，酒厂从改变酿酒原料入手，进行科技攻关，试验出一种绵竹酿酒史上从未有过的新原料，用这种原料酿出了“芳、洌、甘、醇”恰到好处，风味更为独特完善的酒，这就是今天声誉卓著的中国名酒“剑南春”。20世纪60年代，酒厂采用“双轮底发酵”工艺，完善“勾兑调味”技术，找出“剑南春”基础酒的最佳贮存老熟期，至此，“剑南春”生产工艺完全成熟。1963年，剑南春酒被评为四川省名酒，获金质奖。1964年，旗下的双沙醒色酒被评为四川省优质产品，获银质奖。1979年，剑南春被评为全国名酒。“剑南春”“东方红”等产品声誉日高，销量大增，先后又获第四届、第五届国家名酒称号和国家质量金奖。

剑南春酒传统酿造技艺是在绵竹独特的生态环境条件下孕育形成

的，在盛唐时期，剑南烧春成为宫廷御酒而载于《后唐书·德宗本纪》，李肇的《唐国史补》更将其列为当时的天下名酒。剑南春酒采用优质糯米、大米、小麦、高粱、玉米五种粮食为原料，制成中高温曲，窖泥固态低温发酵，续糟配料，混蒸混烧，量质摘酒，原度贮存，精心勾兑而成。剑南春酒产地——绵竹，位于四川盆地西北平原，龙门山地区，酿酒历史已有三、四千年。

2001年剑南春被评为“中国十大文化名酒”；2002年剑南春佳酿被中国国家历史博物馆正式收藏，这是历史博物馆继茅台酒后收藏的又一历史名酒；2002年国家工商局授予剑南春“消费者喜爱的十大名牌”。2003年剑南春牌白酒荣列年度同类产品市场综合占有率前十位；获国家统计局颁发的“2003年中国白酒工业经济效益十佳企业”证书；2004年剑南春荣列全国市场同类产品销量第三名；2006年剑南春“天益老号”酒坊遗址入选中国世界文化遗产预备名录；同年被国家商务部认定为“中华老字号”；2008年“剑南春酒传统酿造技艺”被文化部办公厅列为第二批国家级非物质文化遗产名录（图7-1）。

（1）剑南老街厂址

（2）“天益老号”窖池群

（3）剑南春酒史馆址

（4）中国最大单一原酒陶坛陈贮库址

（5）剑南春厂区

（6）剑南春30年年份酒

图 7-1　剑南春酒历史

剑南春酒生产工艺流程

❶ 制曲工艺

原料→粉碎→润粮→拌和→踩曲→定曲→收堆→码曲干固

❷ 原酒酿造工艺

开窖→滴窖→出窖→黄水、母槽鉴定→润料、拌和→上甑→蒸馏摘酒→出甑→粮槽→打量水→摊凉→入窖发酵→蒸馏→装坛→陈酿

剑南春酒的生产采用传统的自然微生物接种制成的大曲，在上古时期称为“曲糵”，以大麦和小麦为主要原料，将其粉碎成烂皮不烂心的制曲原料，再制成四周低中间高的大曲药，因其形态被称为“包包大曲”。“包包大曲”为中高温曲，培菌过程中，温度高于中温曲，所生成的酶系、菌系较多数浓香型中温曲多，更利于生香微生物的富集。

发酵过程中，剑南春酒采用“续糟混蒸、固态发酵”的独特传统酿造技艺，以糯米、大米、小麦、高粱、玉米五种粮食作为原料，经长期在老窖中固态发酵酿制而成。包括开窖鉴定“眼观、鼻闻”，续糟配料，配料拌和应“低翻快搅”，上甑要“轻撒匀铺、探汽上甑、分层搭满”。“一长二高三适当”的工艺原则为：发酵时间长，糟醅酸度高、淀粉含量高，水分、温度、谷壳用量适当。

发酵结束后，用甑桶进行蒸馏获得“新酒”，将其放入陶坛内贮藏一定时间老熟，酒液中新酒的不舒畅气味便能消除，且会自然产生一种令人心旷神怡、柔和愉快的特殊香气，被称为剑南春的陈香风味。时间越长，这种香味就越明显，因此为突出剑南春的个性特征风味，生产的剑南春酒均会在陶坛中老熟两年以上。

剑南春酒厂有完整而严密的质量保证体系，从原料采购、水质监测、生产的267道工序，到防伪包装乃至售后信息反馈，都订立了相关制度。同时规范了检测程序，细化了近千个指标，确保其产品的“绿

色”品味。剑南春集团公司建有庞大的纯粮固态酿酒废水生物处理沼气池，对酿酒废水进行生物无害化处理，为企业提供的清洁能源约占总能耗的20%，在节能减排方面也走在行业前列。

二
绵竹大曲

绵竹大曲，又称“清露大曲”。《绵竹县志》记载“绵竹大曲酒，邑特产。味醇香，色洁白，状若清露。”清代著名文史大家李调元称“天下名酒皆尝尽，却爱绵竹大曲醇”。陆游在《海涵》中称“绵竹清露，大曲是也。夏清暑，冬御寒，能止吐泻、除湿及山岚瘴气。”

从金元至民国，是绵竹酒史发展的又一重要阶段，酿酒工艺的发展和酒业的兴盛为绵竹酒的继承和创新奠定了良好的基础，从而出现了绵竹酒史上的第二个里程碑——绵竹大曲（图7–2）。

绵竹大曲是以糯米、大米、小麦、高粱、玉米五种粮食为原料，以含锶低钠的玉妃矿泉水为水基，与剑南春采用相同的技艺精心酿制而成的浓香型白酒，具有典型独特的风格。

图 7–2　绵竹大曲商标

三
德阳酱油

德阳酱油始于清朝时期，用传统的生产工艺，精选的配料，精湛的酿造方法酿制而成，成品酱油色香、汁浓、味香。后来在民国时期“合庆丰”号酱园经历了三次改革创新酿造工艺。1927年实行第一次革新，引进温江郫县等地的酿造工艺，对黄豆、麦麸等原料进行改良，取名白窝油，将各种等级的酱油依据成品质量定价，适应了市场各方面的需求。1935年进行第二次产品革新，通过材料的改良研发出红窝油，同时购进上等口蘑，生产口蘑酱油。1940年又进行第三次革新，对原料培育方法进行改进，使酱油成品色好、味鲜、蛋白质分解率高。至1949年底，德阳仅有4家酱园幸存，各个口味品种的德阳酱油得以继续发展生产，延续至今（图7–3）。

德阳酱油深受大众喜爱，2006年，德阳酱油酿造制技艺被确定为第一批市级非物质文化遗产。2010年“德阳牌”酱油先后获得“德阳市知名商标”、中国中轻产品质量保障中心“全国质量信得过产品”称号、德阳市农业博览会组委会“消费者喜爱产品”“名优农产品”称号。2011年国家质检总局将德阳酱油确定为地理标志保护产品。

图 7-3　德阳酱油酱园航拍图

德阳酱油生产工艺流程

原料预处理→蒸煮→制曲→发酵→压榨→制取→装瓶→包装→成品

德阳酱油采用加压蒸煮工艺；经蒸煮的大豆，组织变柔软，色呈淡褐，有熟豆香气，手感绵软。制曲过程中，米曲霉在曲料上充分生长发育，并大量产生和富集所需要的酶，如蛋白酶、肽酶、淀粉酶、谷氨酰胺酶、果胶酶、纤维素酶、半纤维素酶等；曲料厚度均匀、疏松程度一致。

德阳酱油的发酵方式主要分为高盐固态发酵、高盐稀态发酵、高盐固稀结合混合发酵。固态醅色泽黑褐，酱香气味浓，口感无苦味、化渣、无硬心；稀发酵汁淡褐色、不浑浊，有酯香味、味鲜；固稀发酵料色泽深红褐，酱、酯香气明显，有回甜余味。

在制曲和发酵过程中，从空气中落入的酵母和有益细菌也进行繁殖并分泌多种酶，酵母菌发酵产生乙醇，乳酸菌产生适量乳酸，曲霉代谢产生醇、醛、酸、酯、酚等多种挥发性风味成分，构成了酱油的香味体系；此外，大豆中含丰富的蛋白质，其中酪氨酸经氧化反应生成色素，葡萄糖与氨基酸通过美拉德反应形成酱油红褐色。发酵期间一系列生化变化产生的酸、甜、咸、鲜及酒香、酯香混合，最后形成风味独特的德阳酱油。

德阳酱油既有生抽的鲜甜口感，又有老抽的浓厚味感，口感美味、色泽晶亮、营养丰富，其中白窝油、特油、红酱油畅销四川省内外，适合烹制川菜等菜肴，色泽红润、鲜甜适口（图7–4）。

图 7-4　德阳酱油产品

四
绵竹熨斗糕

绵竹熨斗糕，是绵竹街边风味小吃，选用新鲜大米烙烤成的圆形状米糕，烙烤的器具极像老式熨斗，故取名熨斗糕。熨斗糕外软酥内香嫩；制品分甜、咸两种。

绵竹熨斗糕生产工艺流程

大米原料→磨浆→添加酵母菌发酵→加碱去酸味→搅至浆状→烙制→成品

绵竹熨斗糕生产工艺特点

（1）磨浆　将大米洗净浸泡4小时沥干，入笼蒸至半熟，捞出并加入适量的水均匀磨成浆。

（2）发酵　添加酵母菌、酵面（前一次发酵留下的发酵面团）与米浆混合，搅拌均匀，使其发酵；待膨胀时用木棒搅匀至发酵不粘缸为度，待米浆发泡。

（3）去酸味、搅拌成糕浆　将食用碱用少量清水溶化，分次加入米浆内，边加边搅，至去掉酸味，再加入鸡蛋清、熟猪油、蜜桂花搅拌成糕浆。

（4）烙制成形　把特制铁烙碗置焦炭火上，待烧热后刷上水油，舀入糕浆，烙至封皮时，在糕中间加适量果酱，继续烙至皮显浅黄色，起硬壳时，用细铁签沿糕边划松，翻面淋少许熟猪油，烙至两面呈金黄色、皮软酥、糕心浆汁全部凝固时即成。

熨斗糕的食用历史悠久，不仅味道香甜，口感软糯，且含有多种营养物质，富含蛋白质、碳水化合物、维生素和钙、铁、磷、钾、镁等矿物质，有养心益肾、健脾厚肠的功效。自明代传承至今，字号繁多，远近闻名（图7-5）。

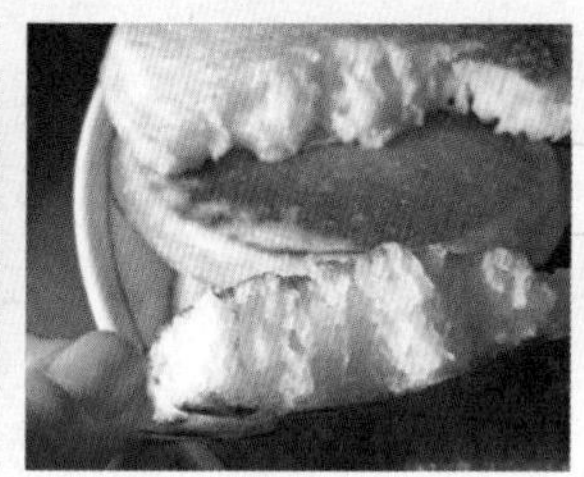

图 7-5 绵竹熨斗糕

五
汉州板鸭

汉州板鸭是什邡市的特产，其鸭皮色泽金黄、肉色红润、色鲜味美、细嫩化渣、肥而不腻、风味独特。

传闻北宋时期，什邡马脚镇有一条鸭子河，河边有个从安县来的养鸭人，名叫吕无事。鸭子逐渐养肥后他不甘心让本地鸭贩子盘剥，便将自己养的300只鸭子全部杀了，可是如何将这些鸭子卖出去，却让吕无事犯难了。恰好苏东坡来鸭子河闲游，碰到吕无事为鸭子愁眉不展，就教他将鸭子精制成板鸭。板鸭制好了，吕无事就把板鸭挑到什邡城头西什字街来卖。一会儿，来了一个道人，买了一只吕无事的鸭，边走边啃，他这一啃，满城飘香，路人都问道人是哪里买的？道人一说，吕无事的一担板鸭眨眼间就卖完了。此后，场场都是这样，即便是四五百只鸭子也很快就卖完了，直到后来人们才知道那个道人就是吕洞宾，他略施法术让这个板鸭香味传遍全城，而什邡板鸭也由此诞生，关于苏东坡、吕洞宾的助力传说也成为美谈。

汉州板鸭主要分为生板鸭和熟板鸭（俗称烧腊鸭子），系腌卤食品中的精品（图7-6）。汉州板鸭的具体制作方法是：将鲜鸭表面均匀涂抹食盐腌制24小时，于温水中吸取表面未溶解的盐，达到退盐的效果，将腌制退盐的鸭整形晾晒，在晾晒过程中，鸭表面微生物富集，主要是乳酸菌属，通过发酵，使板鸭形成特殊风味，最后经过腌卤或烟熏，得到最终成品。板鸭系以其在晾晒和腌卤过程中，均采用竹骨绷撑，成品呈板状而得名。生板鸭有三类：去骨鸭饼、桶鸭、板鸭。成品可保存3～5个月。近年来采取真空密封包装，保存期更可延长，便利运销。吃法以清蒸为宜，下放蔬菜，不失本味，煮食亦可。

图 7-6　汉州板鸭

第八章

川北门户——广元

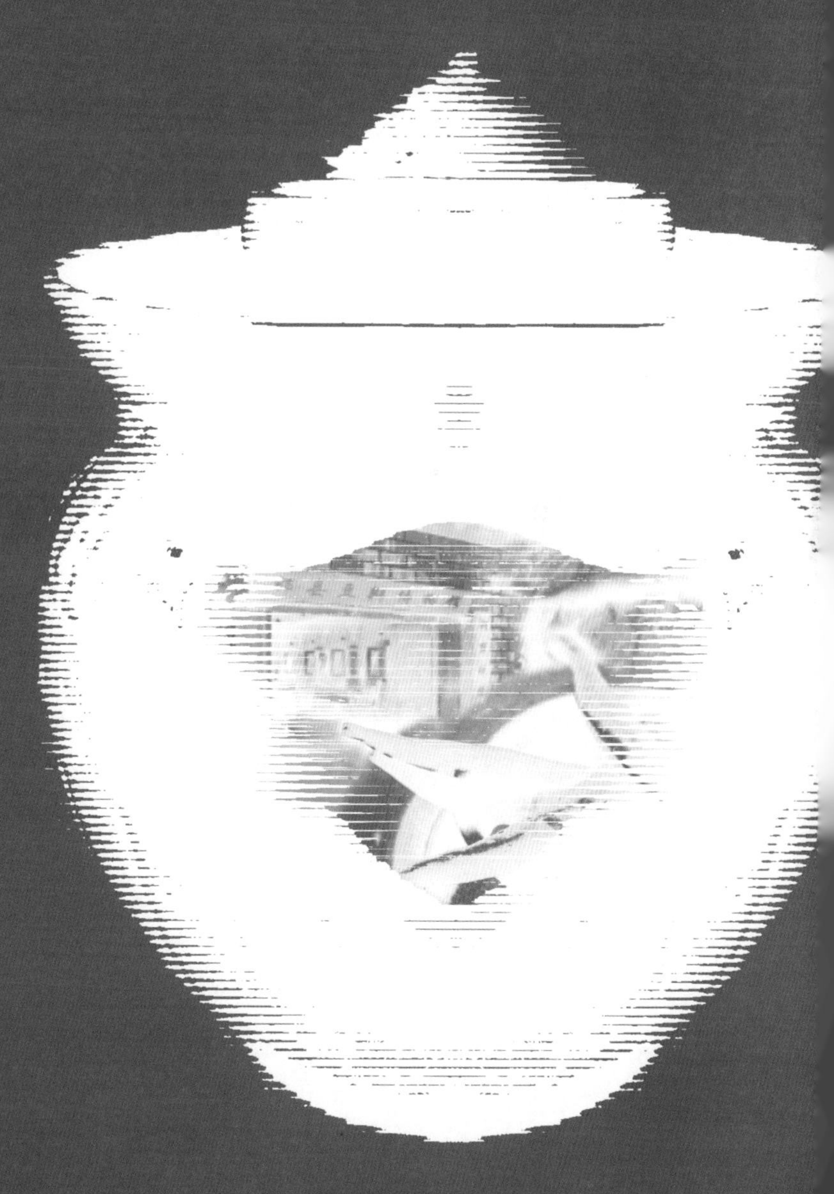

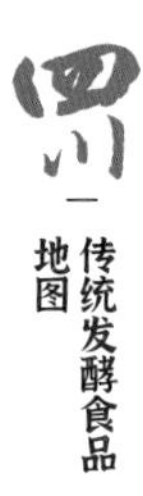

广元，自古为入川重要通道，三国重镇，因此承载了深厚的文化底蕴。广元市是三国历史文化的核心走廊，同时是先秦古栈道文化及蜀道文化的集中展现地，孕育了广元悠久的饮食文化。

广元是山地至盆地的过渡带，地处秦岭南麓，既具南方湿润气候特征，又有北方寒冷干燥的气候特点；具有丰富的水资源、林业资源、矿产资源及生物资源。多年来，广元饮食融合南北文化，神山丽水与麻辣鲜香的美食结合，造就了剑阁酸菜、粮食酒等多种传统发酵食品。

一
剑阁酸菜

酸菜是剑阁人传统食品，不论城乡，不分老小，即便生活改善了，也都喜吃酸菜。许多人几天不吃酸菜，就感食欲不佳。1949年前，酸菜是农村家家必备，有“米缸缸，面缸缸，不如一个菜缸缸”之说。1949年后，生活水平提高，人们仍用酸菜佐饭，集市上仍有酸菜出售。

剑阁酸菜主要使用白菜、萝卜叶、嫩油菜苗等为原料，经过洗净切碎，煮至八九成熟，捞置缸内压紧等步骤完成。因生产工艺和贮藏时间的差异，剑阁酸菜分为活酸菜、干酸菜两种。

剑阁活酸菜生产工艺

蔬菜→清洗→切碎→焯水→装缸→发酵→成品

剑阁活酸菜生产工艺要点

（1）采菜叶　选用清晨菜地里现摘的白菜叶、油菜苗或萝卜叶。

（2）洗、剁　把采摘回来的菜叶一片一片用井水洗干净，并用菜刀把青菜剁细，剁成1厘米见方的小叶片。

（3）焯菜叶　用大锅将水烧开，并凉至80~85℃时，马上把菜叶放入水中焯1分钟后捞出滤干。

（4）装缸、发酵　将滤干的蔬菜入陶瓷缸内，覆盖一层老酸菜，密闭至第二天颜色变黄可食用。酸菜若在缸里搁放时间长了（半月或一月），菜酸水则会形成滑丝。

剑阁酸菜的制作工艺和其他酸菜泡制有很大差别，剑阁酸菜在整个制作过程中不添加食盐，在坛中发酵时，受到微生物影响，酸菜水会形成滑丝。干酸菜则是在发酵完成的活酸菜的酸菜水形成滑丝时将其捞出，均匀晾晒于竹竿上，待酸菜水分流失自然风干，将干酸菜均匀切成酸菜粒，便于贮藏。

剑阁酸菜的成品具有酸爽鲜香的特点和开胃、助消化之功效。剑阁酸菜的食用方法较多，在稀饭中添加酸菜可做成酸菜稀饭，类似这种食法的还有酸菜干饭、酸菜面条、酸菜“搅团”（以玉米面搅成糊状拌酸菜吃）、酸菜汤等（图8-1）。

图8-1　剑阁活酸菜

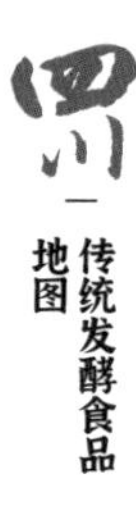

二
鼓城粮食酒

《晋州志》记载："坡城，即下曲阳故城。"在城垣附近，原来有一座土阜，名为鼓山，山下的土坡当地俗称"鼓城坡"。因此，村名也为坡城村，到清代才改为鼓城村。鼓城粮食酒是旺苍县鼓城纯粮酒厂生产的优质杂粮酒，该厂建于1972年5月。水源选用鼓城山蓝天门下流经的洞泉之水，以优质地方特产苦荞为主要原料，与玉米、小麦、野生果类、中药材等辅料结合，秉承周氏祖传传统工艺，结合现代科技，精酿出特别的鼓城山系列酒，如苦荞酒、散装白酒等。

鼓城粮食酒具有原料三绝的特点：首先是酿造选用的水，采用高山天然洞泉之水、酸碱软硬适度；其次是酿造原料，选用鼓城绿色无污染的苦荞；最后是曲的选择，选用名厂中草药特制而成。粮食酒主要通过深窖发酵和土坛贮存的工艺过程，使窖泥、糠、糟、有益微生物比例精确，自然醇化、祖传秘制、各项参数检测达标。

鼓城粮食酒中的荞麦含有丰富的维生素E和可溶性膳食纤维，同时还含有有益人体健康的烟酸和芦丁。

三
木门醪糟

木门醪糟是旺苍县的特色小吃，使用旺苍县木门地区清甜泉水和优质糯米，利用传统工艺和现代创新技术精酿而成。该产品富含维生素、葡萄糖、氨基酸、蛋白质、钙等营养成分，爽甜可口、清香怡人、风味独特，冷热均可食用。有开胃提神、活气养血、滋阴补肾的功能，对哺乳期妇女发奶具有良好的改善作用，是居家营养保健食品和馈赠宾客的佳品。2011年木门醪糟酿造工艺被四川省人民政府列入第三批四川省非物质文化遗产名录和第一、二批省级非物质文化遗产扩展项目名录，2012年孙正蓉被评为代表性传承人（图8–2）。

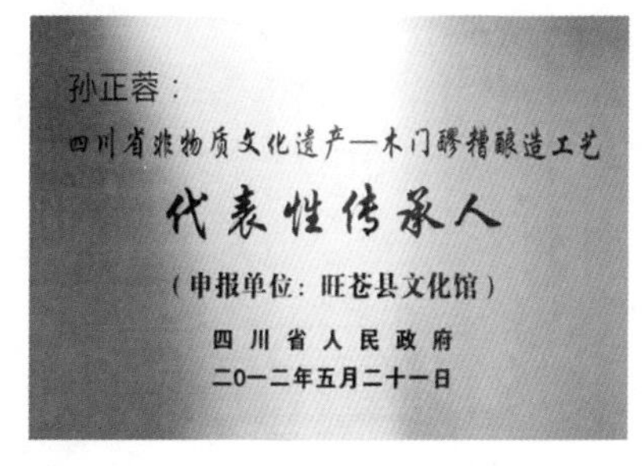
孙正蓉：
四川省非物质文化遗产—木门醪糟酿造工艺
代表性传承人
（申报单位：旺苍县文化馆）
四川省人民政府
二〇一二年五月二十一日

图 8-2　省级非物质文化遗产牌匾

木门醪糟生产工艺要点

（1）将糯米淘洗干净，浸泡1小时，沥干水分。

（2）蒸笼内铺好纱布，将沥干的糯米倒在上面，均匀平铺，旺火蒸制1小时后，将米晾凉至20～40℃，再将适量的凉开水倒入盆内拌匀。将酒曲研成粉末放入盆内，再次拌匀。

（3）将拌匀的糯米倒入缸内，在中部垒出一个“窝”，将余下的酒曲粉末加少许凉白开水，洒在糯米表面。用木盖盖紧缸，棉絮包好，放入草窝里面，3天即成醪糟。

木门醪糟汁多粒饱满，口味甘甜带醇香，是老少皆宜的佳品（图8–3）。

图 8-3　木门醪糟

四
剑门火腿

剑门火腿是剑阁县地方名产，源于浙江金华火腿。1980年正式投产，选料考究，工艺独特，成品以色、香、味、形称道于世。剑阁被誉为“腊肉之乡”，据说秦始皇改年制以十二月为腊月，下旨天下大庆，这一个月百姓杀猪宰羊，并腌制肉食品储存以供来年食用。据《剑州志》载，剑阁人每年冬季宰杀肥猪，腌制腊肉，或宴请宾客，或赠送亲友。剑门山区盛产大米、玉米、小麦、高粱等五谷杂粮，农家素有养猪的习惯，民谚有“富不离猪”之说。用粮食和青菜喂养的猪皮薄肉嫩，是制作腊肉、剑门火腿、蝴蝶猪头、香肠等猪肉食品的上好原料。

因为剑门山区腊月天气温度、湿度正适合腌制腊肉，猪肉经过腌制后，烧柏木枝和锯木屑熏后，再阴凉风干。剑门火腿色泽红亮，气味干香，入口油而不腻，早负盛名。1949年之前，剑阁腊肉远销西南、西北等省市。新中国成立后，畅销国内外。

“剑门牌”火腿选用肥瘦适度的猪肉，于每年立冬开始下料，选用薄皮细脚、腿肉丰满、肉质新鲜的猪后腿，在正常气温下腌制，分六次用盐，每次抹去陈盐，均匀撒上新盐，按顺序整齐堆码，待腿肉已腌进盐味及时洗晒，晒腿时间冬季5~6天，春季4~5天，晒至皮紧而红亮出油。从原料到成品一般需5~8个月。晒腿后即挂架发酵2~3个月。挂架时间一般在清明节前后。发酵后，从架上逐只取下，进行整形。修整后再挂上架，继续发酵。至中伏天以后取下，即为成品。火腿经过腌制后，需妥善储藏才不致变质。已浸发或已处理好的火腿，可用干净透气的纸张包好，再裹上一层保鲜膜，放入冰箱保存。未经浸发过的火腿，因含大量的脂肪，虽经腌制，仍容易发霉和招虫蚁，特别是在春季或潮湿的天气，必须将火腿吊挂在阴凉干爽通风和阳光无法直射的地方；若虫卵滋生，必须迅速设法消灭，以免蔓延。

剑门火腿爪弯腿直，腿心丰满，色泽金黄，状如琵琶，刀工光洁，瘦肉切面嫣红似火，肥肉呈乳白色，肉质干爽，富有弹性（图8-4）。其味清香纯正，咸淡可口，肥不腻口，瘦不嵌牙，且剑门火腿内含丰富的蛋白质和适度的脂肪，10多种氨基酸、多种维生素和矿物质；制作经冬历夏，经过发酵分解，各种营养成分更易被人体所吸收，具有养胃生津、益肾壮阳、固骨髓、健足力、愈创口等作用。

剑门火腿经国家检验，注册"剑门牌"商标，曾被原商业部、四川省评为优质产品。1988年荣获中国食品博览会"银牌奖"。

图 8-4　剑门火腿

第九章

东川巨邑——遂宁

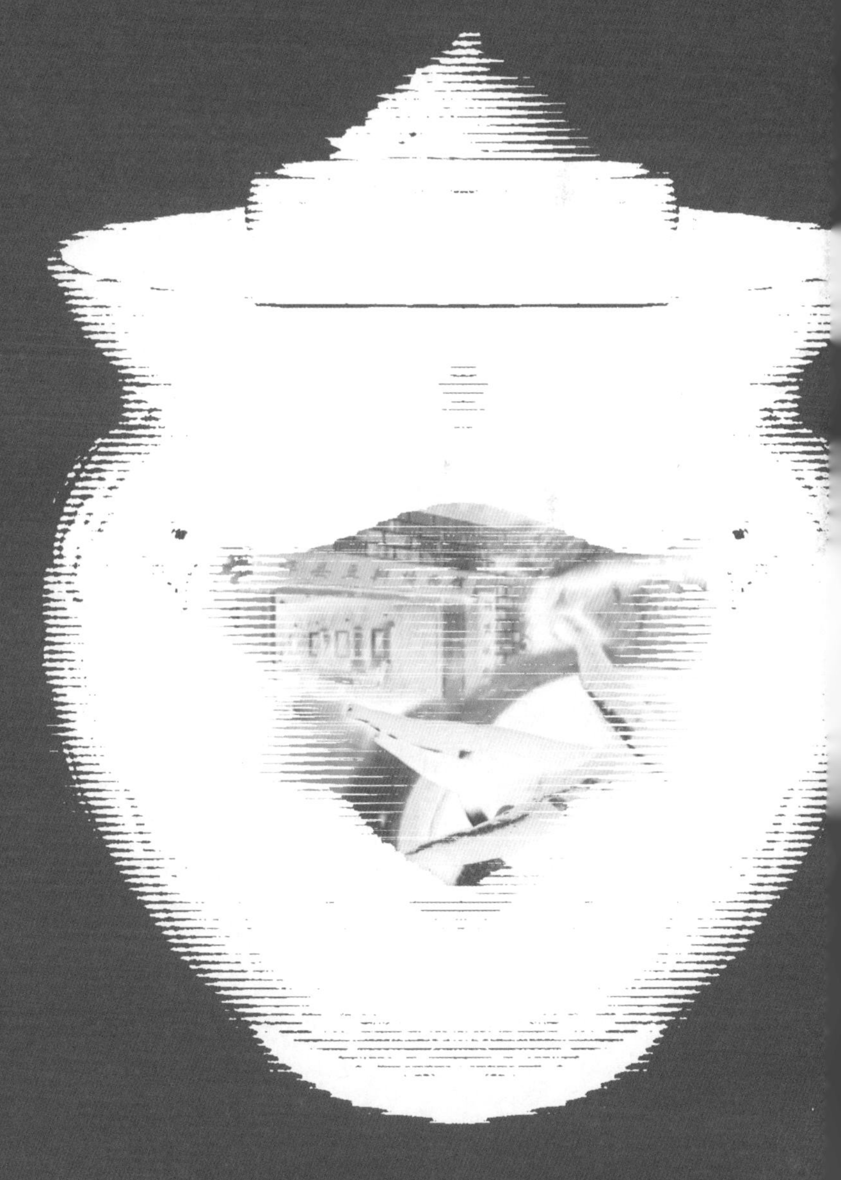

遂宁，别称“斗城”，位于四川中部，由两个市辖区、三个县组成。遂宁地形以丘陵为主，西北高东南低，沟谷河流纵横；属于亚热带湿润季风气候，全年气候温和，雨水充沛，水资源丰富，为酿酒业提供了得天独厚的环境。

遂宁美食种类繁多且富有地域特色，如姜糕、冲饼、豆腐干、窝子凉粉等。美食需好酒相佐，遂宁盛产白酒且历史悠久，遂宁拥有国家级非物质文化遗产共3项，其中包括沱牌曲酒传统酿造技艺。

一

沱牌酒

射洪历代盛产美酒，杜甫曾以“射洪春酒寒仍绿”加以赞誉。传承于唐代春酒的“沱牌曲酒传统酿制技艺”至今已1300余年。“沱牌曲酒传统酿制技艺”历经古通泉县（现射洪县）自然发酵之“滥觞”、“酯”酒；西汉之醴坛；南北朝之醪糟酒；唐时以寒绿闻名的“春酒”；宋元之大小酒、蒸馏白酒；明代之谢酒；民国李氏泰安酢坊曲酒发展而来。民国35年（1946年），前清举人马天衢为其命名“沱牌曲酒”。相传清光绪年间，邑人李吉安在射洪城南柳树沱开酒肆，名“金泰祥”。由于李氏得“射洪春酒”真传，并汲当地青龙山麓沱泉之水，酿制出酒味浓厚、甘爽醇美的“金泰祥大曲酒”。于是金泰坊生意日盛，门前大排长龙。由于金泰祥大曲酒用料考究，工艺复杂，产量有限，每天皆有酒客因酒已售完抱憾而归，翌日再来还须重新排队。店主李氏见此心中不忍，遂制小木牌，上书“沱”字，并编上序号，发给当天排队但未能购到酒者，来日凭沱字号牌可优先沽酒。此举深受酒客欢迎。从此，凭“沱”字号牌而优先买酒成为金泰祥一大特色，当地酒客乡民皆直呼“金泰祥大曲酒”为“沱牌曲酒”。

沱牌曲酒于1980年被评为四川省名酒，1981年、1987年被评为四川省优质产品，1981年、1985年、1988年获商业部优质产品称号及金爵奖。1988年在瑞士日内瓦第16届国际博览会上获新发明铜牌奖，获香港第六届国际食品展览会金瓶奖。同年，沱牌38度、64度曲酒在全国第五届评酒会上荣获国家名酒称号并被誉为“四川省第六朵金花”。

沱牌曲酒是采用固态发酵、泥土老窖、低温入窖、续槽混蒸等工艺酿制而成。主要原料为高粱、大米、糯米、小麦、大麦、玉米，以小麦、大麦等制曲为糖化剂。在酿制方面，该酒工艺以浓香型酒为基础，结合酱香型酒的“堆积发酵”工艺、清香型酒的“一清到底”工艺以及米香型酒的“大米酿酒”部分生产工艺；在原料配方中提高糯米比例；结合酱香型、浓香型、清香型酒的大曲特点，按一定比例混合使用高温、偏高温、中温曲，使酒体产生复合香味，然后经分层起糟、分层蒸馏、量质摘酒、分级并坛后完成酿造过程。“沱牌曲酒传统酿制技艺”是中国传统蒸馏浓香型白酒的典型代表之一，是我国酿酒业一笔宝贵的历史文化遗产，对于研究我国的酿酒历史、诗酒文化以及传统生物发酵工业等具有极高的价值。该技艺已于2008年被国务院列入“国家级非物质文化遗产”（图9-1），传承人：李家顺、李家民。

“沱牌酒系列”和“舍得酒系列”是沱牌舍得酒业公司的两个品牌，从“唐代春酒”到“明代谢酒”再到“清代沱酒”，沱牌曲酒与舍得酒一脉相承。沱牌系“中国名酒”“中国驰名商标”“中华老字号”。其系列产品包括“沱牌曲酒”“沱牌大曲”“沱牌特曲”“沱牌酒”“柳浪春”“陶醉”等36个品牌、128个规格。其酒体风格为“窖香浓郁，清洌甘爽，

（1）泰安作坊

（2）沱泉古井

（3）沱牌曲酒传统酿造技艺

图 9-1　沱牌曲酒的历史传承

绵软醇厚，尾净余长，尤以甜净著称”。舍得系“中国驰名商标”，其系列产品包括浓香“青花舍得”“红瓷舍得”“至尊舍得”“窖龄舍得”“舍得”，酱香“天子呼”“吞之乎”等8个品牌、36个规格。其酒体风格为“绵软醇甜、爽净利口、酒体完美、余味绵长”。

二
芝溪玉液

芝溪玉液是由蓬溪县清泉酒业生产的复合清香型白酒。芝溪酒业传承酿酒秘方，采用传统工艺。芝溪玉液近年来发展迅速，曾荣获四川省质量信誉双优单位、遂宁十大名优特产称号。

芝溪玉液是以高粱、玉米、小麦、大米等纯粮为主要原料，采用固态发酵，经蒸煮、糖化、醇化、蒸馏、陈化精心酿造而成的小曲清香型白酒，酒味醇香清雅、回味柔和、纯净爽口，且具“佐餐、佐药、佐烹饪”三大功用，品质口味独特，即顺心、顺喉、不上头、不口干，回味醇甜，有“天仙玉液”之称（图9-2）。

（1）产品

（2）发酵车间

（3）厂区

图 9-2　芝溪玉液

三
卓筒老井酒

卓筒老井酒系列酒是由四川大英县卓筒老井酒业有限公司生产的具有浓郁窖香的系列白酒。其酒香气纯正、沁甜甘冽、余味悠长，且饮后不易上头，是纯自然发酵的绿色酿造酒。2002年，“卓筒老井”酒在四川省食品工业协会、四川省酿酒工业协会质量鉴评会上一举获得“特别优秀产品”称号。

卓筒井不仅是大英人民勤劳、智慧的象征，也造福了大英的千秋万代，直到今天它仍是大英子孙的福音。大英人结合“卓筒井”取水文化内涵精心设计酿造出浓香型的“卓筒老井”及系列曲酒又成为今天大英县的名优特产之一。

云顶寨

第十章

川南咽喉——内江

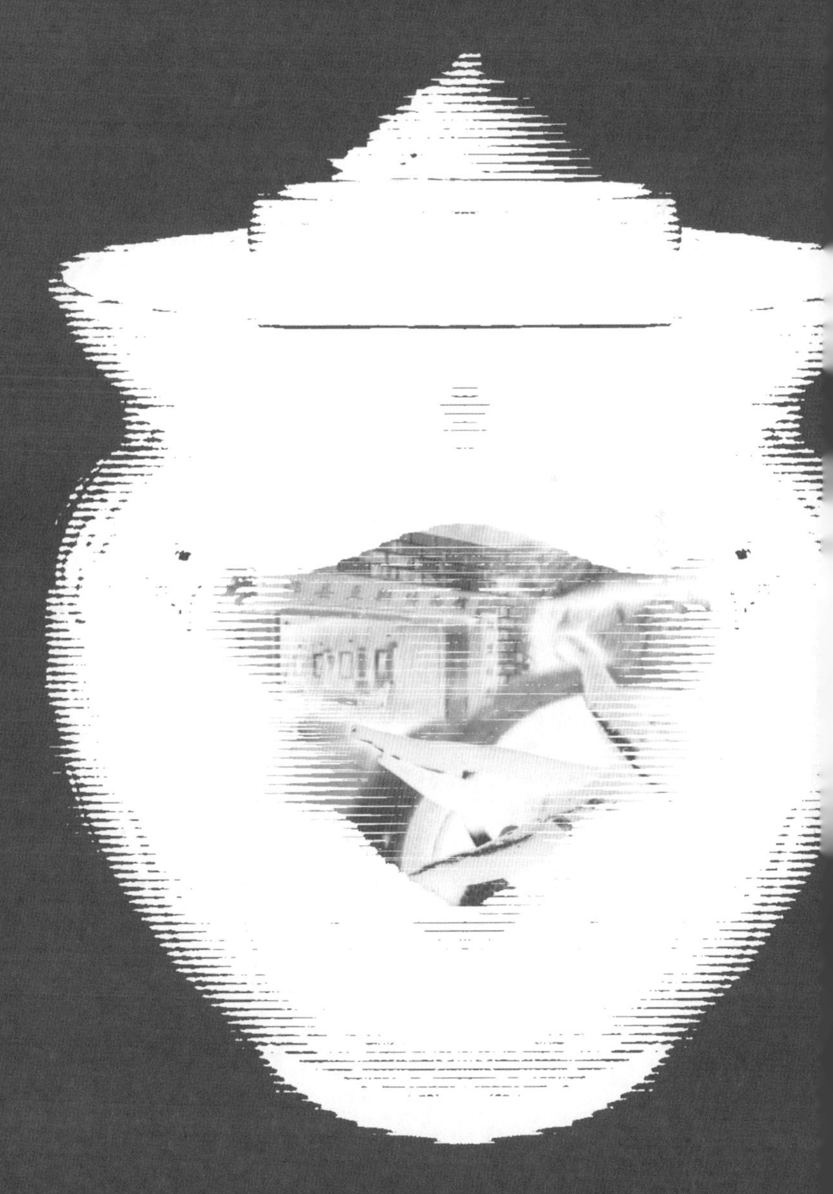

内江，因盛产甘蔗而别称“甜城”。内江地处沱江下游，土壤保水性良好，抗旱能力强，利于农作物的生产，种植业以粮、甘蔗、茶、蔬菜等为主，是四川粮食和经济作物的集中产区。

内江良好的作物生产环境，为蔬菜类发酵食品的生产奠定了良好的基础，形成了独特的发酵蔬菜群，且种类丰富，样式繁多，如冬尖、大头菜、酱萝卜等。

一
资中冬尖

资中冬尖是具有浓郁地方特色的发酵食品，曾作为进献朝廷的贡品，至今已有三百多年的生产历史。据清康熙二十六年（1687年）编修的《资州志》（资州即今资中）记载：“资州酱园，制造冬菜，旧颇驰名，远销至湖北、上海、北京，近则川东、川西各县”。标名曰“资州冬菜”，可见资州冬菜三百多年前就是名品，在民间也有歌谣“百里闻香不是花，酱醋麻辣冬菜芽”广为传颂。

资中“丰源”冬尖源自于古资中民间，相传后周时期盘石县（即今资中县）城郊沱江之滨，住着一对农民夫妻，以采药为生。家门前有块菜地，四周长着十几棵枇杷树。满树金灿灿的枇杷被大风吹落满地，甜汁却漫透菜园的泥土，夫妻俩在园里种满了青菜。青菜的叶子长得像枇杷叶一样，待成熟后味道又甜又香，夫妻俩吃不完，就加盐制成咸菜装入坛中，埋入地下，丈夫又进山采药去了。秋去冬来，等丈夫满载而归，妻子杀鸡煮酒时，想起了埋在地下的菜坛。掘土开坛，顿时芳香扑鼻，经久不散。消息传遍村寨，大家依法酿制，采用当地特有的“枇杷叶”和“齐头黄”两种青菜尖梢为原料，经风干脱水后加入精盐腌制，自然发酵成熟，其菜黄褐油亮、香气四溢，味带回甜，质地嫩脆，营养丰富。

清康熙年间沱江河畔，苏家湾一带的陈永礼创建兴盛永酱园，成为冬尖制作工艺第一人，开始了规模化酿制冬尖。民国初年，兴盛永酱园由第八代传人陈锡奎接掌，随着资中冬尖的名声越来越大，资中先后成立了德丰亨、天福兴、贞记等十来家酱园与之争辉，形成资中酱园的兴盛时期，资中冬尖经过十几代酿造人的不断努力和技术创新，其精湛的传统工艺日趋完善。1957年在全国干腌菜会议上“资中冬尖”被评为第二名；1958年由广州进出口公司出口50吨，销往香港和东南亚各国；1983年获四川省商业厅、省经济贸易委员会联合颁发优质产品奖，并获得巴蜀食品节金奖。“丰源”牌资中冬尖以其独特的品质和风味，曾获得了四川省调味“五强”“金奖”“铜奖”和“最畅销”产品称号，位居“巴蜀四大名腌菜”之首，被誉为纯天然绿色食品，并畅销全国二十多个省市及地区，远销日本、新加坡等东南亚国家及欧美国家。“丰源”资中冬尖于2010年被列入省级非物质文化遗产名录。

资中冬尖制造工艺的特征是先在风中晾晒，使之脱水，然后进行盐渍，此加工过程可以在蔬菜中所含可溶性物质不被流出的情况下完成。资中冬尖在发酵过程中产生的酯香与原料蔬菜自身的风味构成了其独特的优美滋味。四川人常说：“只要一碗资中冬尖，就可使整个房间里芳香四溢。”

资中冬尖生产工艺流程

原料芥菜→整形→晾干→切除黄叶→第一次盐渍→第二次盐渍→密封→自然发酵→室内贮藏→包装→成品

资中冬尖腌制场景如图10-1所示。

在盐渍前，要先将食盐进行炒制。炒过的食盐有优美香气，而且带有光泽。在室外进行发酵，腌菜坛加盖，防止雨水进入。通常在第二年的农历三、四月间，气候渐渐转暖时，乳酸发酵和乙醇发酵都达到旺盛，出现正常的“翻水”现象（坛中产生气体，使坛口有汁液溢出）。农历四月下旬以后，将坛移入室内，继续发酵。一直到气温转凉的农历八月，开坛搅拌一次，使之均匀，然后再度密封，继续发酵，发酵时间有的为1年以上，有的长达2～3年。

现有研究表明，资中冬尖发酵过程中以厚壁菌门、变形杆菌门为主要菌群，其中厚壁菌门为优势菌群，占53%；变形杆菌门占37%。冬菜发酵液中的产酸菌具有一定的多样性，主要为乳酸菌中的戊糖片球菌和肠球菌及葡萄球菌。腌制时间对冬菜和发酵液中产酸菌的菌相组成影响很大，因此冬菜的腌制时间较长。

（1）风脱水

（2）室外发酵

图 10-1　资中冬尖制作场景

二
威远大头菜

威远大头菜历史悠久，久负盛名，早在明末清初就已经问世，其色泽棕黄块大、质地脆嫩、咸香略带微甜，远销省内外而享有盛誉。腌大头菜系由芜菁块根腌制而成。芜菁的块根又称菁著、蔓菁，一般称大头菜。据记载，三国时期“诸葛亮所到之处，令士兵独种蔓菁，言其有六利”。古书称腌大头菜为“著范”，早在南北朝时期就有“蜀芥芜背作范法”的记载，到1800年才开始商业性生产。

内江大头菜中著名的品牌威远大头菜，发展至今已经延伸出了许多口味，如麻辣大头菜丝或大头菜片；甜麻辣大头菜丝或菜片。内江大头菜色泽金黄、质地脆爽、醇香浓郁，已销售至重庆、广东、广西、浙江等地，部分产品出口到美国、韩国、越南。

威远大头菜生产工艺流程

鲜大头菜→穿菜→晾晒→腌渍→装罐自然发酵→贮藏→检验→成品

威远大头菜生产工艺要点

（1）穿菜、晾晒　大头菜收获后，除去叶簇、侧根和根尖，用竹丝从根端穿成串，置菜架上任其风吹日晒，等每100千克鲜大头菜晾干到31～32千克便可下架。

（2）腌渍　每100千克晾干大头菜加盐10千克，使用层菜层盐的方式入池腌渍，直到装满腌渍池为止。腌制为20天左右，待启池前3天以上逐步放干或抽干浸入盐水，以免底部菜水分重，装缸贮存易发酸，影响品质。

（3）装罐自然发酵　装缸方法由底而上，分层筑紧，用力压实。紧至块间无空隙，缸内空气排除为止。装好罐的大头菜进行自然发酵，时间为3～4月。

威远大头菜制作过程如图10-2。

（1）风脱水

（2）腌制

（3）产品

图10-2　威远大头菜制作过程

三
周萝卜

一百多年前，城郊五里坳（现威远县镇西镇）的村民周培根自家酱制的酱萝卜受到了附近村民的青睐。20世纪30年代，周培根将酱制萝卜的手艺传给了儿子周自言，周自言在继承了父亲原始酱制萝卜的基础上进行工艺改进，民间便大量出现了风味独特的“酱萝卜”。村民们还给周家的酱萝卜取了个雅号，叫“周萝卜”。

随着历史的变迁，到了20世纪90年代初期，制作“周萝卜”的原始工具遭到淘汰，“周萝卜”传统的制作技艺陷入低谷，甚至面临失传的境地。周正洪作为周家的第三代传人，毅然挑起了继承“酱萝卜”的担子，成立了四川内江威宝食品有限公司，实现了“周萝卜”的工业化生产，这一举措在保存传统酱制方法和独特风味口感的基础上，结合了现代生物发酵技术，使其传统制作技艺得到传承与发扬，由此，“周萝卜”酱菜制作技艺于2013年被列为第五批省级非物质文化遗产，周正洪被选为“周萝卜”的非遗传承人。

周萝卜生产工艺流程

白萝卜→清洗整理→入池腌渍→漂洗脱盐→压榨脱水→配料制酱→真空包装→喷淋灭菌→成品

威远“周萝卜”是以威远特产的沙地白萝卜、大头菜、青菜、七星椒、生姜为主要原料，由于生产加工的整个环节注重保护原材料的食用药用价值，所以产品具有色泽自然、香脆可口、风味独特，集麻、辣、香、甜、脆于一体的特点，并富含多种维生素和微量元素。“周萝卜”在采用传承170多年的传统“酱萝卜”加工工艺（图10-3）的基础上结合现代先进科技，形成一套完善的生产加工方式。

为满足不同地区消费者对口感的需求，目前“周萝卜”主要有麻辣（经典川味）、酱香（北国风味）、爽甜（南粤风味）三种不同口味。四川内江威宝食品有限公司目前已经是四川省农业产业化重点龙头企业，“周萝卜”的原料基地被四川省农业厅认定为无公害蔬菜生产基地，“周萝卜”酱菜系列产品被国家绿办认定为绿色食品，先后获得四川名牌产品、四川省著名商标、2004上海博览会畅销产品奖等多项殊荣，并取得了中华人民共和国出口商品商检卫生注册。“周萝卜”的终端销售网络已遍布全国30多个省、市、自治区、直辖市，国内国际大卖场，以及川航、西航等多个航空市场，并出口到美国、加拿大、日本等国家。

（1）镇西酿造厂大门

（2）传统制作中的“周萝卜”

图 10-3 “周萝卜”的历史

四
隆昌酱油

隆昌酱油酱香浓郁、酯香突出、质优味纯，使其成为了隆昌县特色产业的一张亮丽的名片。隆昌是大型的“移民之乡”，明末清初时大批粤赣闽客家人移入并扎根于隆昌，因此隆昌的历史文化、风俗人

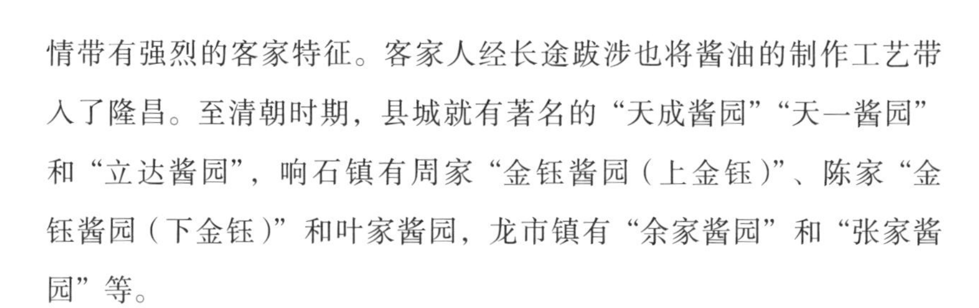

情带有强烈的客家特征。客家人经长途跋涉也将酱油的制作工艺带入了隆昌。至清朝时期，县城就有著名的“天成酱园”“天一酱园”和“立达酱园”，响石镇有周家“金钰酱园（上金钰）”、陈家“金钰酱园（下金钰）”和叶家酱园，龙市镇有“余家酱园”和“张家酱园”等。

经过数百年发展，隆昌全县现有大小酱油生产企业及作坊40多家，生产厂家的数量位列全省之首。在隆昌，大小酱厂星罗棋布、新老字号品牌林立。知名酱油品牌有“山古坊”“天一”“美美”“群生美”“罈子山”“金鹅”“金燕”等。

隆昌酱油采用米曲霉制曲、高盐稀态天然晒露法的传统酿造工艺。隆昌酱油选用优质东北大豆，经过浸泡、蒸煮、摊凉后与粉碎的小麦拌和，再接种种曲，于曲室中制曲，完成后于露天自然发酵，经一年以上日晒夜露、翻缸，最后通过压榨、灭菌、沉淀及包装，制成隆昌酱油成品（图10-4）。

隆昌酱油讲究本滋本味，清淡可口，色泽自然天成。“源起东晋下及宋元明清传美味，技承中原以达川闽粤赣酿奇香”的四川客家文化非常适合描述隆昌酱油。

（1）发酵

（2）晾晒

（3）成品

图 10-4　隆昌酱油制作过程

五
隆昌小曲酒

因原料、酒曲和工艺不同，小曲白酒可分为四类：川法小曲白酒、小曲半固态发酵白酒、小曲液态发酵白酒、小曲大曲混用白酒。隆昌小曲酒属川法小曲白酒，以高粱、玉米等为原料，采用整粒原料蒸煮、箱式固态培菌糖化、配醅发酵、固态蒸馏，原粮蒸煮后在晾场加以根霉为主的小曲培菌糖化箱，入池发酵，装甑蒸馏。

隆昌小曲酒生产工艺流程

原料→泡粮→蒸粮→出甑摊凉→翻粮→加曲加酶→保温→配糟→出箱→摊凉→混合→入池→发酵→蒸馏→成品

隆昌小曲酒有完整的工艺体系，香味成分有自身的量比关系，以乙酸乙酯为主要挥发性风味，酒体带有明显的清新果香味，醇厚绵甜，回味悠长，受到大众喜爱。

六
君子泉酒

君子泉酒业是一家集开发、生产、销售于一体的专业化白酒生产企业，包括宜宾分厂（前身为五粮液联营二分厂）和甘露分厂。君子泉酒业的取名源于资中重龙山腰的积翠泉，据记载中唐晚期羊士谔久仰著名女诗人薛涛，二人在积翠泉饮酒，羊士谔和薛涛所饮之酒为积翠泉的泉水酿制而成，名曰“翠泉春”。薛涛称“此处名为积翠泉，依我之见，不如称为君子泉。”后积翠泉便称“君子泉”。“君子泉”酒甘洌清醇，回味悠长，成为历史文人雅士喜爱的杯中之物。从唐代羊士谔、薛涛，宋代程区、公谨，明代胡学文、张鉴到清代的荀洵、杨锐等，都爱到君子泉下饮酒赋诗。戊戌六君子之一的杨锐在资州艺风书院讲学时就有一段石刻至今犹存，使得佳泉、佳酿更加名声大振。清末民初，张善孖、张大千师从于山水画家杨春梯，前后三年多，师徒们结庐泉下，饮泉绘画，极尽林泉之趣。张大千成名后周游全国，多次回到资中，徜徉于君子泉下，绘成《滴水弹琴图》。

君子泉酒以精选优质高粱、小麦、大米、糯米、玉米五粮为原料，采用双轮底发酵，量质摘酒、分段贮藏、按质并坛，结合现代工艺精心勾兑，并应用先进的分析仪器进行检测，水晶烤花内包装，晶莹剔透，手工制作外包装盒，尊贵尽显。君子之品，古朴淡雅。

第十一章

海棠香国——乐山

乐山古称“嘉州”，由四个市辖区、六个县及一个代管县级市组成，是成都经济区核心圈层的重要枢纽城市。同时，乐山也是人杰地灵的文化之乡，当代文学家郭沫若即是乐山人。

乐山特定的地理环境形成了多气候类型，西南山区气候垂直差异明显，从山麓到山巅依次分布亚热带—暖温带—温带—亚寒带的完整气候带。食物呈现多样化的特点；也因为历史的积淀，生产了五通桥豆腐乳等具有地方特色的发酵食品。

一
五通桥豆腐乳

在1862—1875年的清同治年间，五通桥的竹根滩有一位杨姓青年创办了“江东园”作坊专门生产豆腐乳，由祖传秘方制作色香味俱全的腐乳，有增强食欲和疏肝理气之功效。据说因为豆腐乳味道太好了而得到同治皇帝的提笔书“德昌源”三字奖赏，释曰“德为道，昌自然”。此后，“江东园”“德昌源”就成为五通桥的一块金字招牌，远近闻名。1949年后公私合营让德昌源规模扩大产量上升，质量也更加稳定。1958年元月参加“全国轻工业食品展览会”被评为“四川特产”。21世纪初，“德昌源”通过改制、技改，使其腐乳占据了四川70%的市场份额。根据《地理标志产品保护规定》，国家质检总局组织专家对中国五通桥豆腐乳地理标志产品保护申请进行审查，自2011年12月26日起实施保护（2011年第194号公告）。同时五通桥豆腐乳被列入四川省第二批非物质文化遗产名录。

五通桥区水资源丰富，岷江、茫溪河等5条河流横贯全区，自产水量和上游境外来水共842亿立方米。五通桥毛霉是由五通桥特殊的地理、气候条件孕育出的一种天然微生物，此种霉菌有特别的淳香，可食用，形状如雏鹅的毛绒，毛霉菌丝在腐乳坯上生长会分泌蛋白酶和肽酶，使蛋白质分解而形成特殊的风味。这种霉菌是1938年由中国黄海化学工业研究社的老一代科学家在“德昌源”作坊首次发现，命名为“中国五通桥毛霉”。由方兴芳、肖永澜执笔撰写论文发表在当年的《黄海》杂志第四期，引起了世界微生物学界的轰动，五通桥德昌源豆腐乳因此走出了国门，被外国人称为“中国黄油”。1949年后，中国科学院将此霉菌重新命名为“AS3-25号标准毛霉”，成为豆腐乳行业的通用菌种（图11–1）。

五通桥豆腐乳制作工艺细致严谨，从磨浆、点脑到定型、蒸坯、划坯、培菌、后发酵都有一套严格程序，选材也很讲究。一是必须用河西片区不含盐碱的山地上种的小黄豆；二是要用凉水井的水适度浸泡，精推细磨；三是毛霉菌丝长似鹅绒；四是酒用西坝米酒，辅料精挑细选；五是大坛贮存、小坛出售。

图 11-1　AS3-25 号标准毛霉

五通桥豆腐乳生产工艺要点

五通桥豆腐乳生产工艺流程如图11–2所示。

（1）泡豆　冬季水温5～10℃，浸泡时间18～22小时；春秋季水温10～15℃，浸泡时间15～20小时；夏季水温18～25℃，浸泡时间13～15

小时。浸泡后大豆呈浅黄色，无硬心。

（2）煮浆　煮浆温度控制在95～100℃，时间8～10分钟，浓度60～80（以乳汁表测定）。

（3）点脑　豆浆温度控制在80～85℃，采用氯化镁作为凝固剂，加入量为5‰～10‰。

（4）压榨　采用机械压榨脱水，压榨至水分含量为67%～70%。

（5）蒸坯　采用高压蒸汽蒸坯，蒸制温度控制在100～110℃，时间9～12分钟，蒸制后快速降温至16～25℃。

（6）摆坯　将豆腐坯平铺在洁净的杉木板上，每块豆腐间隔1厘米。

（7）接种　用喷洒接种方式，接种量为坯质量的2‰～4‰。

（8）培菌　控制培养室温度为20～24℃，时间为48～50小时，在此期间倒箱2～3次。

（9）后发酵　用当地生产的土坛罐，上下层交叉缝口平整摆放，加盐量为7%～10%、料酒10%。发酵品温15～25℃，时间6～8个月（图11-2）。

五通桥豆腐乳性平，味甘，腐乳中锌和B族维生素的含量很丰富，富含植物蛋白质，经过发酵后，蛋白质分解为各种氨基酸，易于消化吸收，故能健脾养胃，增进食欲，帮助消化。善用豆腐乳，可以让料理变化更丰富，滋味更有层次感。

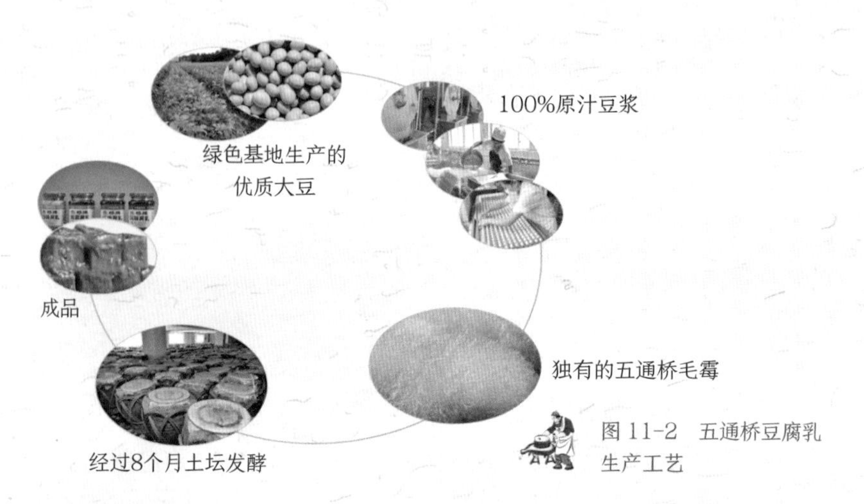

图11-2　五通桥豆腐乳生产工艺

二
夹江豆腐乳

夹江豆腐乳产于峨眉山脚下、青衣江畔的夹江县境内，距今已有100多年的历史。夹江豆腐乳创始人为邹三和，他通过悉心钻研，在1859年研究出了此种豆腐乳的酿造方法。

夹江豆腐乳芳香可口，细腻化渣，回味无穷。民国十五年（1926年）被列为四川省土特产品；1979年荣获四川省优质产品；1980以来先后荣获省、部优质产品，首届中国食品博览会银奖，首届巴蜀食品节银奖。

夹江豆腐乳各道工序都精工细作，尤其在香料的成分选择和撒放上特别讲究，选用“安桂”（越南进口）、“清椒”（汉源县清溪乡花椒）、广木香等原料，装坛加盖，封存。封存是完成后期发酵，保证产品成熟时质量好坏的重要一环。半成品经过严格选坯，按比例加香料拌匀坯子，装入特制的土陶坛中，用高浓度酒浸泡密封，经过夏季热烧，酒味自然消失，开坛即可食用。成品拥有块形均匀，滋味鲜美，芳香扑鼻，细腻化渣，余味绵长的特点（图11–3）。

夹江豆腐乳富含蛋白质、碳水化合物、不饱和脂肪酸、矿物质（钙、磷、铁）、人体不能合成的8种必需氨基酸、胡萝卜素及多种维生素等，具有健脾宽中、润燥、除湿等功效。夹江腐乳可用于制作菜肴，在粉蒸或红烧猪、牛、羊肉的时候，适量加入一些豆腐乳汁，更是别具一番风味。

图 11–3　夹江麻辣腐乳

三
沐川甩菜

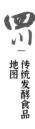

沐川甩菜是乐山市沐川县的特产。沐川甩菜以鲜香脆嫩、低盐保健的独特品质受到消费者青睐，是居家旅游、休闲佐餐的方便小吃，也是沐川的一张名片。

沐川甩菜精选优质无公害羊角菜（芥菜）为主料，采用民间传承的特殊配方工艺腌制而成，是泡菜的一种，因其在制作过程中，需甩干表面水分，通过离心沥干水分，因此称甩菜。沐川全县现有沐川县云雾食品有限公司的“沐绿”、沐川县清林食品厂的“沐之源”、沐川县好老乡食品厂的“新绿”、沐川县水牛㖊甩菜厂的“沐源川”等4个商标的甩菜。

四
龙孔大头菜

龙孔大头菜是犍为县龙孔镇的特产，产品以优质大头菜为原料，精良加工，精制而成，色泽自然，皮薄肉厚，香脆爽口，而且针对不同地区的顾客口味也不同，每种规格的口味分麻辣味、鲜香味。

龙孔大头菜选用优质的大头菜，经过穿线、腌制、晾晒等工艺，最后拌料制成成品（图11–4）。大头菜含丰富的膳食纤维，可促进结肠蠕动，防止便秘，另外还有增进食欲，帮助消化，清热解毒的作用。大头菜也能利尿除湿，因其性热，还可温脾暖胃。

（1）晾晒

（2）成品

图 11-4　龙孔大头菜制作场景

五
土门泡辣椒

土门泡辣椒是一种以湿态发酵方式加工制成的浸渍品，原材料选用个大、肉厚、颜色红亮的土门辣椒。生产过程中辣椒经筛选、清洗、去蒂后，置于老坛泡菜的老泡菜水中腌渍，再将其埋至地下，在阴凉处进行足足两月的发酵，形成滋味独特的泡辣椒。泡辣椒从地里到坛里的时间越短，泡出的泡辣椒越嫩。成品作为做菜的调料，也可直接当成咸菜下饭（图11–5）。

泡辣椒色泽鲜活、口感纯正，味美而脆嫩，辣味适中，且具有营养卫生，取食方便，不限时令，利于贮存等优点。在誉满中外的四川菜系中，泡辣椒是其不可分割的组成部分。

图 11-5　土门泡辣椒

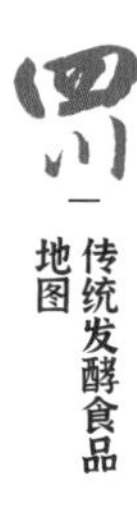

六
西坝米酒

西坝米酒是沫溪河畔直通桫椤峡谷的凉水井孕育出的酒中珍品，始于东汉时期，以西坝境内出土的东汉崖墓文物中的酿酒器皿和乐俑得以印证，其酿制方法一直流传于民间，通过浸泡、蒸煮、拌曲及发酵等工艺，制出的米酒具有自然的醪糟香味（图11-6）。

图 11-6 西坝米酒

相传，曾经和赵匡胤比剑论道于华山的陈老祖，隐居西坝圆通寺，他收集民间配方进行工艺改进、提升，选用本地小红糯米和“凉水井”之水，产出道家米酒，使西坝酒作坊品质大大增加，产品销至沿江各地。陈老祖饮之，微醉兴起，在崖壁上用剑刻下“直步青云”四个大字，至今仍留于今西坝法海寺内。文豪苏东坡畅游长江在西坝小住时，品西坝豆腐，饮糯米酒后作诗赞道：“煮豆为乳脂为酥，高烧油烛斟蜜酒。”于是西坝酒业大兴，配装酒的陶罐需求大增，形成陶窑绵延数里的壮观场面，从现今沿江的古陶窑遗址带可窥见当时的辉煌（图11-7）。

后来西坝米酒的做法仅秘传于陈氏家族之中，其酒质纯净，米香浓郁，口感极好，少饮有温胃养颜、滋阴壮阳之功效。

图 11-7 西坝古镇

第十二章

长寿之乡——资阳

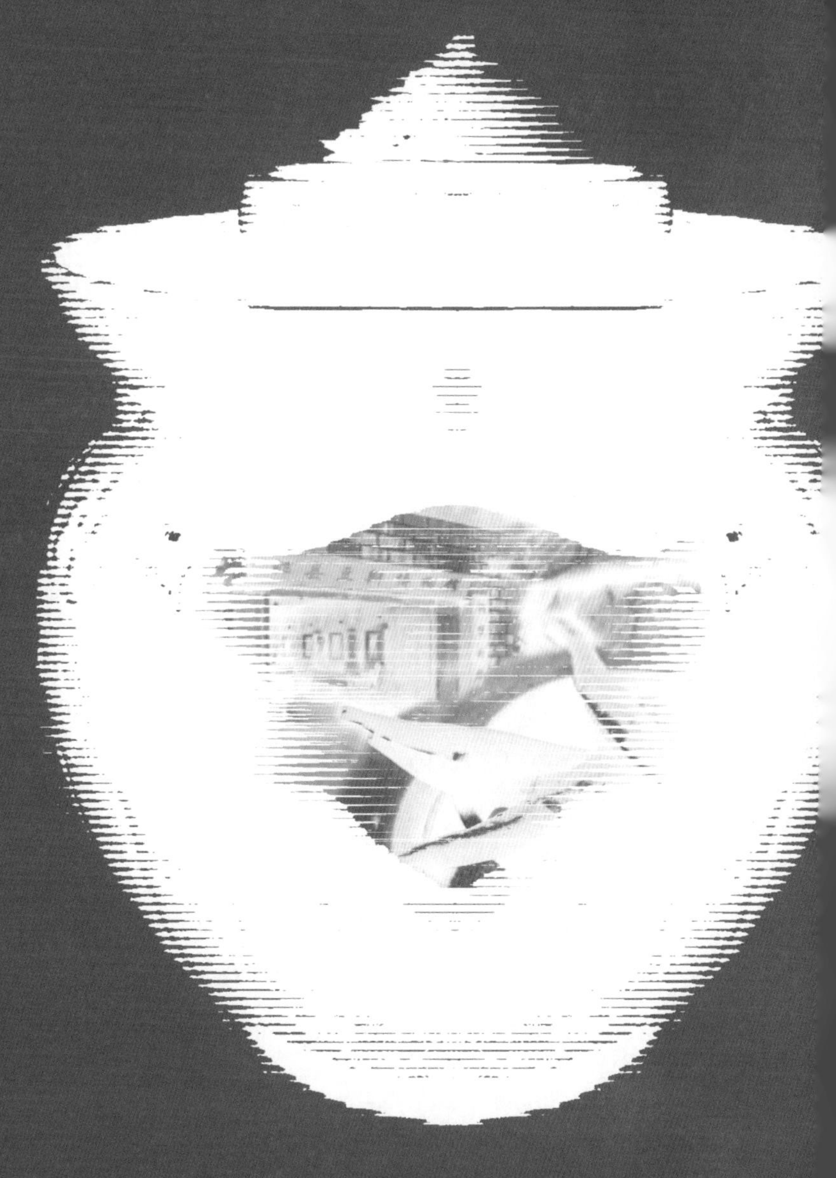

资阳，由一个市辖区（雁江区）和两个县（安岳县、乐至县）组成，位于四川丘陵区中西部，全年气候温和，光照足，同时具有由南到北、由东到西的过渡带特点，是中国的长寿之乡。

资阳历史悠久，是特色美食荟萃的城市，简阳羊肉汤、乐至烤肉等美食吸引大批食客特来品尝，临江市豆瓣、安岳坛子肉等传统发酵食品更是受到大众的喜爱，不仅是自己食用，也是赠送亲友的佳品。

一
临江寺豆瓣

临江寺位于资阳市雁江区，紧邻沱江，因寺而得名。“临江寺”产品始创于清乾隆三年（1738年），迄今已有二百多年的历史。“临江寺豆瓣”是资阳最著名的四川特产，曾受到朱德、邓小平等的好评。“临江寺”系列产品先后获得“中华老字号”“中国驰名商标”称号及“中华人民共和国地理标志产品保护”注册、“绿色食品”认证、“乌兰巴托国际食品节”金奖。2007年，临江寺豆瓣的制造技艺被收录为省级非物质文化遗产。临江寺豆瓣的制造技艺历经280余年，经过八代传人，如今张安作为临江寺豆瓣的第八代传人，继续传承着临江寺豆瓣的古法酿造技艺。

在临江寺豆瓣的厂区内，有“迦叶”“菩提”两口千年古井。当地传说，唐代武则天曾在古成渝道上赐建蒙刺寺时，打下古井。相传两口井中有地藏王菩萨放入的净水神珠，井水可为众生袪病消灾。明末清兵入川，蒙刺寺三百武僧寡不敌众，在扑江而亡前，将两井垒土掩埋，并放火焚寺。菩提、伽叶两井今天依然是“临江寺”豆瓣美味的独门秘器，井水高于数百米外的沱江水面近20米，每天取水四五个小时后，井水涨回到原位，真可谓取之不竭，其中奥妙，至今无人能解，成为“临江寺三绝”之一。

临江寺豆瓣之所以味传千里，驰名百年，其主要传承“四绝”。一绝：生料制曲，临江寺豆瓣不经蒸煮的独特生料制曲工艺，自然发酵，自然成熟，使得豆瓣柔和化渣，鲜香醇厚。二绝：古井神水，迦叶、菩提两口古井是临江寺豆瓣生料制曲工艺制作的唯一水源。经科学检测，井水呈弱酸性，非常适合酿造和发酵（若不用井水，则不能入口化渣，中有硬心，色泽干涩，风味不佳）。三绝：百年晒场，临江寺豆瓣厂从未迁址，呈簸箕形，距沱江约60余米，南北是丛林，东西开阔，日照充足，黄昏时分，江风吹进山谷，空气清新而发散。夜间谷中又浓雾缭绕至清晨旭日东升方徐徐消散。晒场持续几百年不间断使用，造就了独特的微生物种群和生态圈，且有“干净无蝇有天垂”之说，即晒场缸钵罕见苍蝇踪迹（图12-1）。四绝：宫廷秘方，始于乾隆御厨陈兴友之宫廷八宝豆瓣配制秘方，历经八代传人，享有280余年盛誉。

临江寺豆瓣选用当地的良种蚕豆和芝麻为主料，并配以食盐、花椒、胡椒、白糖、金钩、火腿、鸡松、鱼松、香油、红曲、辣酱、麻酱、甜酱以及多种香料精工酿制而成。加工时要经过蚕豆脱壳、浸泡、接种、制曲、洒盐水等多道工序，再入池发酵近一年。最后，经灭菌，与各种辅料按比例进行配制，方可成为成品豆瓣酱。

图 12-1　临江寺豆瓣晒场

临江寺豆瓣生产工艺要点

（1）原料预处理　选用当地的良种蚕豆，要求粒大饱满；将豆子泡至皱皮，石磨脱壳装入米筛，柔软过心，水分含量38%～42%。

（2）制曲　制曲时间通常在4～8月为宜，将豆瓣曲平铺于曲室地面，再撒上处理好的豆瓣，采取簸箕制曲和薄层通风制曲，曲料厚度为3～5厘米，按曲料量的0.1%接入米曲霉，接种后2～3天翻曲，6天左右成曲，成曲呈黄绿色。

（3）发酵　采取日照温室池发酵，成曲豆瓣入池，先将食盐溶化澄清，再与成曲豆瓣充分拌和，自然发酵，每月翻醅一次，成熟的原汁豆瓣籽绒化渣，其氨基酸态氮含量在0.75%以上（图12-2）。

图 12-2　临江寺豆瓣翻醅

（4）配制成品　发酵后的豆瓣酱按需再配入辣酱、麻酱、甜酱、花椒、白糖、胡椒等香料，然后根据所生产的品种，再加入火腿、鸡松、鱼露、香油等特定辅料，即成相应的豆瓣产品。

为迎合不同消费群体，尤其是年轻消费者的需求，临江寺豆瓣还先后推出了11款佐餐类豆瓣酱：金钩豆瓣、火腿豆瓣、鸡丝豆瓣、蒜蓉豆瓣等，在临江寺豆瓣的基础上，添加各种风味原料，消费者可直接佐饭食用。

临江寺豆瓣酱富含优质蛋白质，烹饪时不仅能增加菜品的营养价值，而且蛋白质在微生物的作用下生成氨基酸，可使菜品呈现出更加鲜美的滋味，有开胃助食的功效；豆瓣酱中还富含亚油酸、亚麻酸两种不饱和脂肪酸，同时豆瓣酱富含具有生理保健作用的大豆磷脂。

二
安岳坛子肉

安岳坛子肉是安岳县（古称普州）广大劳动人民智慧的结晶。早在西汉时期，由于食物短缺和储藏条件的限制，为达到保质、防腐、方便食用的目的，安岳的先辈们便巧妙地将豇豆干、青菜干等各种干菜和猪肉，拌以五香、八角等香料，一层干菜，一层烙制后的猪肉分别铺入土坛中，数月之后，发酵形成了风味独特、醇香可口、营养丰富的坛子肉。在安岳，坛子肉是本地居民自己食用和接待客人的传统美食，并且在安岳有在清明时节用坛子肉进行祭祖，告慰先灵，保佑后辈兴旺的习俗。

相传公元48年，许黄玉（后成为韩国普州太后）带上母亲做的坛子肉远渡驾洛国（今韩国），把中国美食传播到海外。在战争年代，安岳革命者康遂每次外出，均把坛子肉装在背篼里，利用坛子肉营养丰富、易储藏的特点，以“卖坛子肉！是通贤的坛子肉吗？不，是普州的。”为暗语，联络革命志士、收集传递情报，成功组织发动了震惊川内外的“通贤暴动”，把安岳地区的革命活动推向了一个高潮。通贤暴动后，许多革命志士参加了抗日红军，坛子肉的故事随红军的足迹广为流传。

2012年安岳县烹饪协会倡议，引用许黄玉母亲会做坛子肉的典故，注册安岳县普州坛子肉食品有限公司。目前，安岳县普州坛子肉食品有限公司已实现了量产，在安岳拥有极高的市场占有率，并远销四方。

安岳坛子肉生产工艺流程

选料 → 切割 → 入坛腌制 → 清洗 → 脱水过油 → 二次入坛 → 检验包装 →成品

安岳坛子肉生产工艺要点

（1）选料　选取五花肉、萝卜干以及米粉，其中五花肉、萝卜干、米粉的质量比为2：1：1。

（2）切割　将五花肉切割为长40～50厘米、宽10～15厘米的肉块。

（3）入坛腌制　以肉块原料为100%，分别加入亚硝酸钠0.05%、白糖1.5%、花椒0.5%、姜0.4%、葱0.5%、饮用水20%、盐5%以及腌制配料1%，在腌制过程中使室内温度维持在5～8℃，腌制24小时。腌制配料包括白酒、柠檬汁、八角、胡椒、丁香、肉豆蔻、肉桂、陈皮、桂花、香叶。

（4）脱水过油　油温保持在200～220℃，过油时间约为20分钟，直至肉块中水分<5%，且过油后肉块质量不得大于原肉块质量的60%。

（5）二次入坛　二次入坛前先将过油后的肉块表面均匀地涂抹上米粉，并以2：1：1的质量比将肉块与萝卜干、米粉同时放入坛中，接着将坛子密封并在5～8℃的温度下静置70～90天，即成安岳坛子肉（图12-3）。

安岳坛子肉的香味与滋味是由乳酸菌厌氧发酵而成，所以制作过程的密封性尤为重要。为了保证坛子肉长时间存储不变质，安岳人一般

（1）炸肉

（2）入坛腌制

图12-3　安岳坛子肉制作场景

将盐水装在坛弦密封，保藏时间更长。近年来公司对坛子肉的工艺进行优化，在前期利用腌制发酵增酸，后期利用生香酵母后熟增香，开发出醇香可口，肥而不腻的新一代普州坛子肉，并于2015年成功申报了一种“坛子肉制作工艺”发明专利。

安岳坛子肉醇香可口，肥而不腻，营养丰富，受到大众的喜爱（图12-4）。

图 12-4 普州坛子肉

三
资阳中和醋

资阳中和醋是资阳市中和场镇的著名特产，中和镇素以“酿造之乡”著称，其出产的中和醋、中和酱油、中和榨菜远近驰名。1994年“中和”牌中和醋被命名为“传统名特食品”，其产品远销北京、上海、重庆、成都、南京、天津等省内外十多个大中小城市。

中和场镇地处龙泉山脉尾部，土壤系遂宁祖母质，方圆数十千米内都有着丰富的优质地下水，为中和醋生产提供了优质水源；“中和醋”厂区在中和场镇上的位置，形成了利于微生物滋生繁衍的“小环境”，这些构成了“中和醋”得天独厚的秘密条件（图12-5）。中和

图 12-5 中和醋厂区

醋品牌的开山祖师是冯祥宗和杨华英，杨华英善于培养微生物，冯祥宗在传统工艺制作中对麸醋的酸度和呈色的把握有独到之处，并且运用自己所学，配制出酸曲中草药单和甜曲中草药单，使酿制出的中和醋芬芳馥郁且酸味纯正，令人闻香生津。酿造业，同样更讲究人和，“中和醋”能迅速崛起，真正起决定作用的，仍是两个开山祖师的珠联璧合。

“这醋那醋，还是要数中和醋。”这是消费者对雁江区“中和醋”的情有独钟。近年来，它更是几乎可与国内“老陈醋”“保宁醋”等几大名醋相媲美。

四
宝莲大曲

宝莲牌宝莲大曲是宝莲酒厂的产品，原名伍市干酒。因县城东祁宝台山上有宝台寺，其侧莲花山山巅有池植莲，酒厂设在两山之麓并引池水生产，产品因此称宝莲。资阳古属资州辖，宋代已盛行酿酒，熙宁年间资州酒课为“三万贯以上”。并据《资阳县志》载，绍兴十年（1140年）设有“监资阳县酒税”官吏。清代康熙年间酿有“资阳陈色、伍市干酒”，而“煮酒贩运成都”有“过龙泉香十里”之称。1951年在旧作坊基础上成立资阳酒厂，酿制伍市干酒。1972年新建曲酒车间，沿用传统工艺投产此酒。1988年易为现厂名。

宝莲大曲有30%～60%vol多种酒精度。该酒于清乾隆年间大量贩运至成都。1951年将原伍市干酒厂及县内各家酿坊合建资阳酒厂，在总结传统做法的基础上，创制科学、独特的酿制工艺，采取人工培养窖泥，令新窖老熟，加快达成优质水平。1984年，宝莲大曲被评为商业部系统优质酒；1988年，38度、54度宝莲大曲获国家优质产品银质奖；1987年被评为四川省优质产品；1984年、1986年、1988年获商业部优质产品称号及金爵奖；1988年在全国第五届评酒会上荣获国家优质酒称号及银质奖。

宝莲大曲以优质高粱为原料，经粉碎、按比例拌和、低温入窖、回沙回酒发酵60天，采用固态续糟混蒸工艺，人工培养窖泥，新窖老熟，低温入窖，双轮底分层封泥，回沙回酒发酵，缓火蒸馏，分级摘酒，地窖陶器贮存，勾兑品尝，合格后包装出厂。宝莲大曲以小麦制成的包包曲为糖化发酵剂，酿酒所用泉水及地下水含有多种对人体有益的微生物和矿物质，确保了酒水真正的“绿色、健康”。宝莲酒筑窖和喷窖所用的弱酸性黄黏土，黏性强，富含磷、铁、镍、钴等多种矿物质，非常有利于酿酒微生物的生存，宝莲酒的精髓在于在酿造过程中有150多种空气和土壤中的微生物参与发酵。

宝莲大曲属浓香型曲酒，其酒液无色透明、无悬浮物、窖香浓郁、醇和净爽、诸味协调、余香悠长、后味干，为蜀中新秀（图12–6）。

图 12-6　1991 年宝莲大曲

五
乐至桂林豆瓣

乐至桂林豆瓣，是四川省资阳市乐至县中天镇的著名特产，以本地产上等优质海椒为原料，辅以蚕豆、菜油等，采用传统工艺（图12-7）酿制成的“桂林豆瓣”畅销不衰，是居家食用、馈赠亲友之佳品。

中天镇桂林场以酿造豆瓣闻名，现有“兴鹏”“四通”等数十家酿造厂生产豆瓣。

（1）剁椒

（2）拌盐

（3）加豆瓣

图 12-7　乐至桂林豆瓣制作关键

第十三章

中国酒都——宜宾

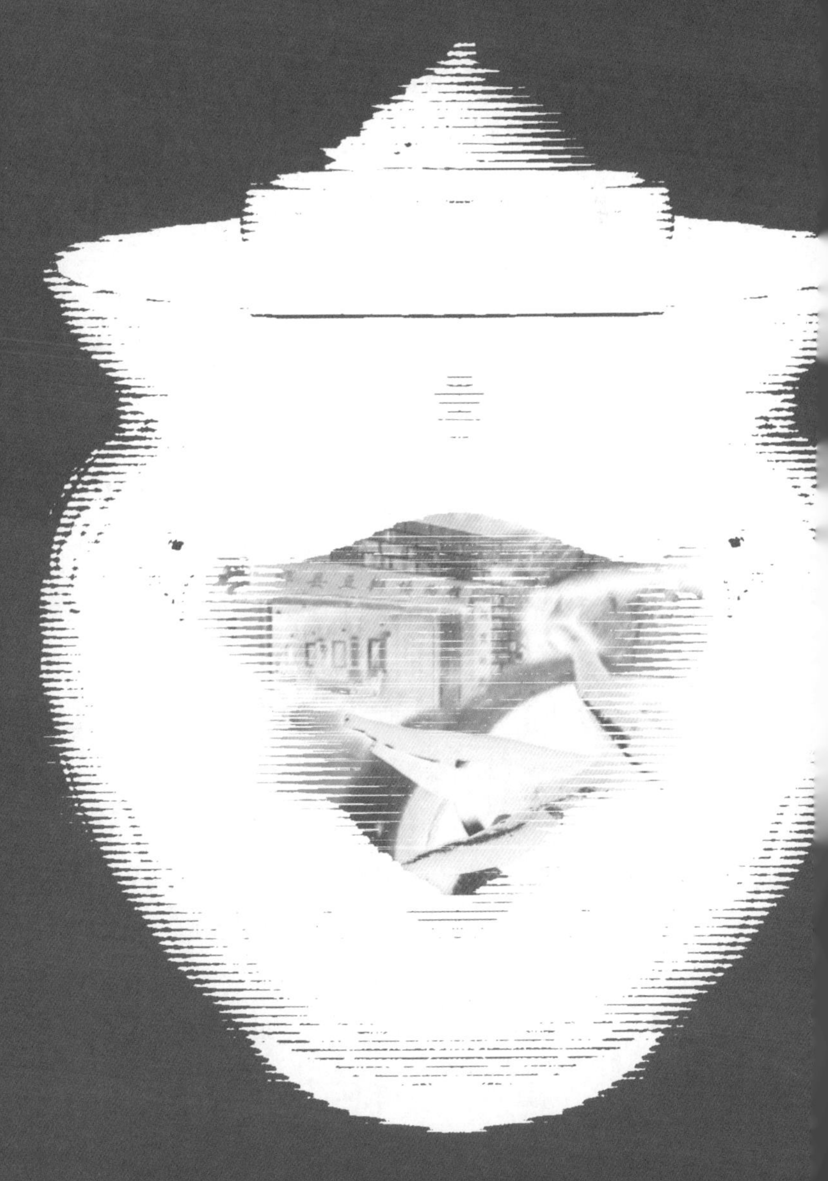

宜宾简称“叙、戎”，地处云、贵、川三省结合部，金沙江、岷江、长江的三江汇合处，由两个市辖区、八个县组成。宜宾有汉、苗、回、彝、藏等21个民族的人居住，气候属亚热带湿润季风气候，终年气候温和，无严寒酷暑，雨量充沛，由于长期受宽阔江面和河谷风影响，四季气候均匀，且大气扩散条件好，具有春季回春早、夏季湿润高、秋季多绵雨、冬季霜雪少的特点。充足的热能、丰富的降水、多样的地理气候孕育了宜宾独特的微生物菌群，因此形成了得天独厚的微生物生长环境。

宜宾素有“万里长江第一城——中国酒都”的美誉，具有4000多年的酿酒史，3000多年的种茶史。以蜀南竹海为主题的生态竹海风景，以五粮液为主题的“酒文化”已成为宜宾的标志。传承与创新相结合，使宜宾酒类、茶类传统发酵食品持续发展。

一
五粮液

五粮液产于宜宾市，为大曲浓香型白酒。五粮液由小麦、大米、玉米、高粱、糯米五种粮食发酵酿制而成，在中国浓香型酒中独树一帜。五粮液酒的前身是“荔枝绿”，老百姓称其为“杂粮酒”，而文人雅士称其为“姚子雪曲”。1909年，宜宾众多社会名流、文人墨客汇聚一堂。席间，“杂粮酒”一开，顿时满屋喷香，令人陶醉。这时晚清举人杨惠泉忽然间问道：“这酒叫什么名字？”“杂粮酒。”邓子均回答。“为何取此名？”杨惠泉又问。“因为它是由大米、糯米、小麦、玉米、高粱五种粮食之精华酿造的。”邓子均说。“如此佳酿，名为杂粮酒，似嫌似俗。此酒既然集五粮之精华而成玉液，何不更名为五粮液？”杨惠泉胸有成竹地说。“好，这个名字取得好！”众人纷纷拍案叫绝，五粮液之名就此诞生。

明末清初，宜宾共有4家糟坊，12个发酵地窖。到新中国成立前夕，已有德胜福、听月楼、利川永等14家酿酒糟坊，酿酒窖池增至125个。1957年国营宜宾五粮液酒厂正式成立，厂房设在宜宾的翠屏山和真武山脚下。五粮液集团有限公司品牌五粮液在2012年度中国品牌500强排行榜中排名第19位，品牌价值685.92亿元。

现在五粮液由宜宾五粮液集团有限公司（图13-1）酿制。1915年获巴拿马万国博览会金奖，其后又在世界各地的博览会上，共获39次金奖。2010年6月，在上海外滩举行了“献礼2010上海世界博览会”品鉴活动中五粮液获得上海世博会评选的酒类最高奖项——千年金奖。其传统酿造技艺也是国家级非物质文化遗产。

（1）五粮液生产厂区全景图

（2）五粮液办公大楼

（3）五粮液瓶楼

图 13-1　五粮液集团

五粮液生产工艺流程

原料→配料→拌和→粉碎→润料→加糠拌和→上甑→打量水→入窖→踩窖→封窖→窖池管理→蒸馏→入库→勾兑→包装→成品

宜宾空气和土壤中的150多种微生物，形成了利于五粮液发酵的独特微生物圈，再以“包包曲”为糖化发酵剂，让其在上均匀生长与繁殖，形成不同的菌系、酶系，有利于酯化、生香和香味物质的累积，构成五粮液的独特风格。

五种粮食的配方，更将不同粮食的香气和产酒的特点融合在一起，形成了“香气悠久、味醇厚、入口甘美、入喉净爽、各味谐调、恰到好处、尤以酒味全面而著称”的风格特点，使五粮液在浓香型白酒中独占鳌头。五粮液酒度为60度（出口酒为52度），虽为高度酒，但沾唇触舌并无强烈的刺激性，过饮不“上头”，每有陶而不醉、嗝噎留香之快感。

二
李庄白酒

李庄白酒产自“万里长江第一镇”李庄古镇，与李庄白肉、李庄白糕并称为“李庄三白”。李庄自古酿酒业兴盛，清末民初已达到“家家点火，户户冒烟”的酿酒盛况，民间有“酒窝子”的美称。因其独有的地方特色和人文历史背景，城乡居民娶嫁做寿，都用它款待宾客；有朋自远方来，也必有“李庄三白”之一的老白酒亮相。不论是曾成长于此的海外游子，还是服务于外省市的李庄人士回乡，呷上一口李庄白酒，返乡回亲之感觉油然倍增。

李庄白酒是以本地盛产的高粱为酿酒主料，经传统工艺发酵蒸煮后获得原酒，再经一段时间的存放和勾兑后才作为商品酒出售（图13-2）。李庄白酒好喝不贵，尤其是李庄老白干，走进李庄的游客，大都会喝二两老白干，甚至离开时会带上几斤。

目前，全镇白酒规模化企业有两家，规模以下生产企业五家。李庄白酒以独特的纯古法酿制工艺，酿造出具有川南小曲独有的“清澈透明、清香纯正、糟香舒适、醇厚甘甜、回味悠长”的清香型白酒，深受百姓喜爱（图13-3）。

图 13-2　李庄白酒的摊凉入曲

图 13-3　李庄白酒

三
南福曲酒

南福曲酒产于南溪区，南溪地处三江交汇之处，万里长江之首，川、滇、黔三省人文物产汇聚之所，气候湿润、物产丰富、甘泉丰沛、水质甜美、文化繁荣、酒业兴盛。南溪也是五粮液鼻祖——邓子均的故乡。

南福曲酒厂生产的南福牌系列产品以“浓香醇厚、绵甜净爽、诸味协调、余味悠长”而著称，荣获“名酒之乡”名酒称号、“中国首届食品博览会优质酒”称号。金南福酒业经过几十年不断的发展，其南福牌系列酒深受群众喜爱，产品畅销全国各地。

南福曲酒是以小麦、大米、玉米、高粱、糯米五种粮食，再以独特的酿酒方法制成，而所处的良好自然生态环境，也为南福酒的品质提供了基础保障（图 13–4）。

图 13-4　南福曲酒的酿造场景

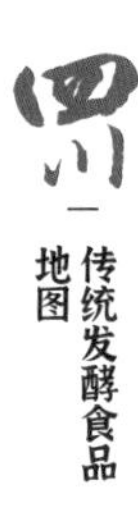

四
梦酒

四川宜宾红楼梦酒业集团位于宜宾的西北郊，酒厂坐落于岷江河畔、丹山岩下。独特的地理环境与悠久的诗酒文化，为酿造“红楼梦酒”“梦酒”“红楼梦金钗酒”等营造了一个无与伦比的天然环境和人文环境。产品具有“无色透明、窖香幽雅、陈香舒适、醇甜绵柔、圆润爽净、香味协调、余味悠长、风格典型”的特点。

“梦酒”“红楼梦酒”“十二金钗酒”的酿造均选用优质高粱、大米、糯米、小麦、玉米为原料，汇丹山碧水之神韵，聚酒都宜宾数千年人文精髓，萃取华夏上等五谷纯粮精华，依托集团强大的科研基础和先进的生产技术、检测设备，传承数千年的酿酒古法和精湛工艺，沿用科学合理的配方，汲取清甜甘洌的地下良泉，经老窖双轮固态发酵，清蒸混入，缓慢蒸馏，按质摘酒，分级贮存，经多年陈藏，方得醇香。

“梦酒”于1987年荣获“中国文化名酒”称号，1990年被四川省政府评为“四川名酒”，2001年被评为“四川省著名商标”。“红楼梦”商标于2009年被认定为“中国驰名商标”，并获“联合国官方指定用酒”殊荣；还先后荣获“首届中国食品博览会金奖”“92香港国际食品博览会金奖”“第五届亚太国际博览会金奖”等荣誉。2011年红楼梦酒业集团原厂挖掘出迄今酿酒历史最久，规模最大，器具最全，保护最完整的酿酒遗址——糟房头遗址（图13-5）。

图 13-5　糟房头遗址

五
叙府大曲

叙府酒业成立于1979年，地处“中国酒都”宜宾，为“中国白酒金三角”核心地区，“叙府”品牌因传承宜宾古“叙州府”千年酿酒生产工艺而得名。

叙府牌叙府系列酒严格按照传统的“混蒸续糟，双轮底发酵，缓火蒸馏，量质摘酒，贮存老熟，精心酿制”的独特酿酒工艺结合现代先进的酿酒科技成果，经固体发酵，长期贮存，严格酿制而成。叙府大曲质量过硬，独具“窖香浓郁、绵甜净爽、甘洌醇美、饮后尤香”的风格。

1984年、1989年，“叙府牌”叙府大曲酒蝉联两届“国家银质奖”殊荣，并被授予“中国优质酒”称号；1988年荣获首届中国食品博览会金奖；1994年荣获“第五届亚太国际博览会金奖”；2008年“叙府牌”商标被认定为中国驰名商标。2013年，在由中国酒业协会举办的中国名酒典型酒颁奖大会上，柔雅叙府酒从全国众多名酒产品中脱颖而出，荣获了“中国名酒典型酒”的称号。

在白酒酿造工艺方面，叙府传承了宜宾数千年传统五粮浓香型酿造工艺，并结合现代科技新成果，于2009年推出全国首创多粮浓酱兼香型白酒——“柔雅叙府”，其酿造工艺荣获国家专利，填补了我国多粮浓酱兼香型白酒单型发酵工艺的空白，缔造了中国白酒香型史上新的里程碑（图13-6）。

（1）厂区

（2）生产车间

（3）窖池

图13-6　叙府酒业实景

六
永乐古窖酒

永乐古窖酒产于宜宾红楼梦村，据其地方志介绍，北宋嘉佑年间，苏轼顺江而下，夜宿牛口庄（今宜宾县喜捷镇红楼梦村），东坡先生品尝着“糟坊头”所酿美酒，抬头远望丹山岩下的岷江碧水，感慨万千。醉眼蒙眬之下，提笔挥毫“丹山碧水”。红楼梦村所处的地理位置，因其独特的自然环境，自古就与美酒结下了不解之缘。红楼梦村的前称是下食堂村。“下食堂人会酿酒，下食堂的家家户户都有小酒库。”当地老百姓口中至今还流传着这样的说法，酒就像一股甘泉，浸润着他们的生活。

永乐古窖酒所在的糟坊头是“中国八大白酒老作坊之一”，考古专家高大伦表示，这是迄今为止最早、最快进入世界非遗预备名单的窖池遗址，把四川地区的酿酒历史向前推进了170年。由此，永乐古窖酒提出三点期待：一要传承经典、创新发展，继承古法技艺，创新改良方法，不断壮大；二要精益求精、酿造竞品，发扬工匠精神，追求卓越技艺，不断提升白酒品质；三要弘扬文化、守护精华，丰富白酒内涵，增加白酒底蕴，不断丰富和繁荣中国白酒文化。

永乐古窖老酒系列产品创造了行业中高端白酒基酒年份最长、占比最高的纪录，刷新了行业年份白酒的品质价值，彰显了“非遗白酒”真正的硬核实力。永乐古窖老酒系列100%使用5年以上地藏原酒作为基酒，并加入10年以上地藏老酒精华，使每一滴永乐古窖酒均带有舒适陈香（图13-7）。

图 13-7　永乐古窖酒开坛仪式

七
杞酒

杞酒产于宜宾杞酒厂，中国杞酒是以五粮液浓香型曲酒为基础的果品酒，色泽金黄鲜亮，口感独特。从古文献记载看，“杞”树与“枸”树是两个不同树种，《诗经·小雅》“南山有杞”“南山有枸”就是明证。枸树亦称拐枣，属李科，系落叶乔木，其果实酱褐色，可酿酒。“杞”树从夏商以来就成为人们种植、食用的珍品果实与酿酒原料。汉代已将酿造美酒的“枸”树与“杞”树媲美，称“杞”树为“枸杞”，其意就是盛赞“枸”树酿造的“枸酱”酒同杞树酿造的美酒一样甘美异常。这说明“杞”树果实同“枸”树果实一样，都是酿造美酒的绝好原料。“枸”树果实可采摘食用以及作为贵重礼品馈赠于人，早见于甲骨卜辞的记载。古人将其鲜果封入大缸自然发酵，酿成酒后，芳香四溢，甘美味醇。把枸杞子煮烂捣汁，然后与曲、米拌和酿制而成。1995年，杞酒获得国家专利局颁发的专利证书，同年获“中国专利十年成就”金奖和中国（西安）首届食品节消费者信誉金奖；1996年获“四川市场十大销量商品品牌”称号；1997年被评为“四川城市居民购买量最大品牌前十名、购买首选品牌前十名”。

杞酒具有补虚弱，益精气、去冷风、壮阳道、止目泪、健腰脚等功效。李时珍介绍的枸杞酒和我国中医药是联系在一起的，这在世界酒林中独具一格。这是关于枸杞被应用在酿酒上在古代文献中的唯一记载。

八
宜宾糟蛋

宜宾糟蛋是将鸭蛋置于糯米中糟制而成，是宜宾的特色美食。糟蛋的传统手工制作技艺堪称一绝，工匠需用细竹轻轻抽打生鸭蛋壳，既要敲碎蛋壳，又要留有一层薄膜包住蛋体，再经糯米糟制发酵一年以上而成。糟蛋味道鲜美，并与宜宾五粮液、宜宾芽菜并称“宜宾三宝”，目前已列入宜宾市非物质文化遗产。

相传，19世纪末期（清同治年间），宜宾（旧称叙府）西门外有一中医大夫，喜饮窖酒，并作为驱疫健身之方。为了备酒长饮，他每年都要酿制窖酒，还习惯在酒液里放几个鸭蛋，以延长窖酒的贮存时间。一次，他发现经窖酒浸泡过的鸭蛋，蛋壳变软脱落，蛋膜完好，色泽悦目，取之而食，醇香爽口，味道鲜美。于是，他将这个发现告诉亲友，并共同品尝，食者皆称极美。事后，大家争相仿制，这就是最早的宜宾糟蛋，也称“叙府糟蛋”。糟蛋以蛋质软嫩，色泽光亮，醇香味长，营养丰富而著名，深受群众欢迎。

宜宾糟蛋曾远销上海、南京、港澳、南洋等地。“金鸭牌叙府糟蛋”1982年获四川省优质产品称号，曾两度被评为商业部优质产品。

糟蛋腌制过程中，尤以敲蛋工序最为严格。须用小指粗的竹棍轻轻敲击蛋壳，以蛋壳轻微破裂、蛋膜完整无损为合格。从生产到翻坛储存一年方能出厂，三年以上者味道更佳，是宴会席上别具一格的特味食品，既富有营养，又有开胃的功效。

宜宾糟蛋生产工艺流程

蒸米→制醪糟→选鸭蛋→制糟蛋→成品

宜宾糟蛋生产工艺要点

（1）蒸米　精选优质糯米，先将糯米进行淘洗，放在缸内用清水浸泡24小时。将浸好的糯米捞出后，用清水冲洗干净，倒入蒸桶内摊平。锅内加水烧开后，放入锅内蒸煮，等到蒸汽从米层上升时再加桶盖。蒸10分钟，用小竹帚在饭面上洒一次热水，使米饭蒸胀均匀。再加盖蒸15分钟，使饭熟透。然后将蒸桶放到淋饭架上，用清水冲淋2～3分钟，使米饭温度降至30℃左右。

（2）制醪糟　淋水后的米饭，沥去水分，倒入缸内，加上甜酒药和白酒药，充分搅拌均匀，拍平米面，缸口用清洁干燥的草盖盖好，缸外包上保温用的草席。经过22～30小时，待洞内酒汁有3～4厘米深时，可除去保温草席，每隔6小时把酒汁用小勺舀泼在糟面上，使其充分酿制。经过7天后，将醪糟拌和均匀，静置14天即酿制成熟可供糟蛋使用。

（3）选鸭蛋　选用质量合格的新鲜鸭蛋，洗净、晾干。手持竹片（长13cm、宽3cm、厚0.7cm），对准蛋的纵侧从大头部分轻击两下，在小头再击一次，要使蛋壳略有裂痕，而蛋壳膜不能破裂。

（4）制糟蛋　将坛子事先进行清洗消毒。装蛋时，先在坛底铺一层酒糟，将击破的蛋大头向上排放，蛋与蛋之间不能太紧，加入第二层糟，摆上第二层蛋，逐层装完，最上面平铺一层酒糟，并撒上食盐。一般每坛装蛋120只。然后，用牛皮纸将坛口密封，再盖上竹箬，用绳索扎紧，入库存放。一般每四坛一叠，坛口垫上三丁纸，最上层坛口垫纸后压上方砖。一般经过5个月左右时间，即可糟制成熟（图13-8）。

（1）放糟液

（2）糟制

图13-8　宜宾糟蛋制作关键

宜宾叙府糟蛋的食用方法：先把糟蛋置于碟中，加适量白糖，再滴白酒少许，用筷略微搅动，待蛋、糖、酒融为一体后，即可拈食下酒，别有风味（图13-9）。

图 13-9　糟蛋

九
川红工夫红茶

川红工夫红茶与安徽祁门红茶（祁红工夫）、云南红茶（滇红工夫）并称为中国“三大红茶”。川红工夫红茶产生于清朝宣统年间，在当时被称为“红散茶”，以早、嫩、快、好的特点享誉国际，产地主要位于筠连县、高县等地。川红工夫红茶发展至今，主要品种包括：川红红贵人、醒世黄金白露、叙府金芽、早白尖贵妃红，其中又以“早白尖”所制的工夫红茶为川红珍品（图13-10）。

清朝宣统年间，宜宾县人雷玉详首创了川红工夫红茶的制作技艺。民国初年，第二代传承人王文钞在宜宾市南岸投资创立了宝兴茶厂，并将当时生产的“红散茶”销往全国各地。在第三代、第四代传人雷成伦、杨宝琛的带领及全体川红工夫人的努力下，使川红工夫红茶名扬世界（图13-11）。21世纪，在第五代传承人孙洪的引领下成立宜宾川红集团公司，扛起了重振川红工夫红茶的大旗，使川红工夫红茶传统技艺得到了更好的传承和发扬，并重现辉煌。2013年《财富》全球论坛首次在成都举行，宜宾川红茶业集团生产的“川红工夫”红茶荣登金榜。川红工夫红茶因其品质优良，成为中国红茶的后起之秀。川红工夫红茶制作技艺于2014年成为四川省非物质文化遗产，也成为了川内首家红茶类的非遗项目，传承人为现任川红集团董事长孙洪。

20世纪50～70年代，川红工夫红茶一直沿袭古代贡茶制法，其关键工艺在于采用“自然萎凋”“手工精揉”“木炭烘焙”，所制茶叶紧细秀丽，具有浓郁的花果或橘糖香。20世纪70年代后，为了适应国际市场的大量需求，改用“人工加温萎凋”“揉捻机揉制”“烘干机烘干”技术。

图 13-10　川红工夫茶

图 13-11　川红工夫茶出口

川红工夫红茶生产工艺流程

采摘→萎凋→揉捻→发酵→干燥→精制→包装→成品

红茶的发酵过程是靠茶鲜叶本身的内质、水分和堆积的温度及环境，自然发酵而形成。鲜叶制成红茶是在茶叶本身所含的酶的催化下所发生的化学反应。这是红茶发酵的实质，主要是多酚氧化酶和过氧化酶对茶叶中的多酚类物质（其中以儿茶素为主体）的酶促反应。川红工夫茶的采摘标准对芽叶的嫩度要求较高，基本上是以“一芽二三叶”为主的鲜叶制成。鲜叶均匀地散失适量的水分，使细胞张力减小，叶质变软，便于揉卷成条。伴随水分的散失，叶细胞逐渐浓缩，酶的活力增强，引起内含物质发生一定程度的化学变化，为发酵创造化学条件，并使青草气散失。在机械力的作用下，使萎凋叶揉卷成条。通过揉捻，充分破坏叶细胞组织，茶汁溢出，使叶内多酚氧化酶与多酚类化合物接触，借助空气中氧的作用，促进发酵作用的进行。由于揉出的茶汁凝于叶表，在茶叶冲泡时，可溶性物质溶于茶汤，增加茶汤的浓度。发酵过程中，酶的活化程度增强，促进多酚类化合物的氧化缩合，形成红茶特有的色泽和滋味。在适宜的环境条件下，使叶子发酵充分，减少青涩气味，并产生浓郁的香气。最后，利用高温破坏酶的活力，停止发酵，蒸发水分使干毛茶含水量降低到6%左右，以紧缩茶条，防止霉变，便于贮运。

川红红茶香气馥郁、高锐持久，滋味浓醇鲜爽，汤色红艳明亮，叶底细嫩红匀，条形细紧纤秀、有锋苗而显毫，干茶色泽乌润，净度良好。川红茶性温和，常饮助于利尿，同时具有消炎杀菌、解毒等功效。

十
宜宾芽菜

宜宾芽菜是宜宾别具特色的地方名菜，与涪陵榨菜、资中冬菜及内江大头菜合称为四川“四大名腌菜”，脆、甜、嫩、味美可口，有着悠久的历史。据清嘉庆《叙州府志·物产》中记载：“葱韭蒜白菜青菜蔓菁各厅县志皆有。”说明当时作为芽菜的原料——青菜已经有较为广泛的种植了。据资料记载，在清光绪年间，叙州近郊的农户将青菜去叶剖丝，晾晒适度，拌入食盐、红糖，再加入香料配制，装坛腌储而成。芽菜是用芥菜的嫩茎划成丝腌制而成，分咸、甜两种。咸芽菜产于四川的南溪、泸州、永川，创始于1841年；甜芽菜产于四川的宜宾，古称“叙府芽菜”，创始于1921年。宜宾芽菜通过加工可以做成碎米芽菜，该产品荣获第92届香港国际食品博览会金奖、第五届亚太国际贸易博览会金奖、四川省著名商标等。“宜宾芽菜制作技艺”于2016年入选宜宾第五批市级非物质文化遗产名录。

宜宾芽菜生产工艺流程

圆茎青菜→分级、晾晒→刮丝→盐腌→搅拌→盐腌→洗净→脱水→添加辅料→装坛→发酵→检验→成品

宜宾芽菜生产工艺要点

（1）建棚晾晒　收获的圆茎青菜，在晾棚中进行晾晒，待自然稍稍脱水后，顺茎刮丝进行盐腌。

（2）搅拌盐腌　从晾棚回收后进行搅拌盐腌，时间由风力强弱和气候决定，以用手握青菜茎丝时感到柔软无硬芯时为宜。

（3）洗净脱水　用清洁的食盐水将盐腌青菜茎丝洗净脱水，操作在24小时以内完成。

（4）入坛发酵　以洗净脱水后的盐腌青菜茎丝100千克、食盐6千克、红糖2千克、花椒0.025千克、混合香料0.1千克的比例混合后装入坛中，一层层压紧不能有空隙。坛子需两面涂釉无空隙，以陶土烧制而成，呈椭圆型。通过发酵，芽菜呈金黄色、散发诱人的香气，植物蛋白通过加入的微生物优良菌种分解后生成多种氨基酸、有机酸、酯，构成芽菜独特的风味。这种风味的形成，是通过复杂的生化反应过程。发酵时间需要1个月以上，发酵期延长1个月以上，品质更好。贮藏在阴凉干燥的仓库中，每1个月检查一次发酵程度，通过2～3次检查后发酵结束，坛盖用稻草编制的草辫子密封。用坛之前需检查，将空坛翻倒过来覆在水中，确认没有气泡出来的方可使用。

宜宾芽菜制作过程如图13-12所示。

芽菜独特的风味通过贮藏、发酵才逐渐形成。芽菜以乳酸发酵为主，兼有少量的酒精发酵和甚微的醋酸发酵。宜宾芽菜中主要的乳酸菌为戊糖片球菌、植物乳杆菌、坚强肠球菌。宜宾芽菜营养丰富，含有多种氨基酸，维生素含量也很高。在腌制过程中，由于微生物的发酵作用而生成有机酸、乙醇、酯类，构成色香味俱佳的风味。

（1）晾晒　（2）整理　（3）分拣　（4）发酵　（5）粉碎

图 13-12　宜宾芽菜制作关键

十一
思坡醋

“酒醋同源，事见神龙本草”，宜宾独特的地理位置利于多种酿醋植物原料的生长，进而使思坡醋酿，经数代传承、技术累积、工艺改良，成五味之首。

生麸皮酿造是思坡醋的最大特色，其历史可追溯至北宋时期。北宋诗人黄庭坚在寓居戎州的三年写下了《题石烙画赏酸翁》等有关宜宾食醋的诗文。清代末期（约1903年前后），叙州府华氏家族发明了生麸皮酿醋法，并在思坡场（今思坡乡）创办了“华德来醋房”（图13–13）。民国年间（1918年）当地酿醋技师江少清广集多家名醋酿造技术之精华，不断改进发酵配方。思坡醋传统酿造技艺，是千百年来当地酿醋实践的总结，是酿造工人智慧的结晶。思坡醋的酿制，以麸皮、糯米、小麦等粮食为原料，筛选108味中草药制曲并作为糖化发酵剂，采取液态制酒母，固态增醅香，长期自然晒制而成的工艺，称为“江氏秘方”。思坡醋采用纯粮与中草药为原料，是绿色健康的天然发酵食品，产品既是酸味调味品，也具有中药保健作用。

1983年“思坡醋”被评为“四川省优质产品”；1988年被中国商业部评为“部优产品”；1992年参加四川省首届巴蜀节获得“银质奖”。2011年，四川省人民政府正式批准“思坡醋传统酿造技艺”列为四川省第三批非物质文化遗产。

图 13-13　思坡醋酿造遗址

思坡醋生产工艺流程

（1）药曲生产流程

原料→热水润料→原料粉碎→加水拌料→装箱上料→踩制成型→入室安曲→培菌→出室→入库储存→粉碎计量→包装成袋

（2）思坡醋酿制流程

原料检验出仓→按配方配料→拌和粮食→蒸料→酒精发酵→拌入生麸皮→入窖→翻沙发酵→入坛→自然晒制→按质并坛→入池浸泡→取醋→勾兑

思坡醋酿制要求润料“表面柔润”，破碎麦粉“烂心不烂皮，呈栀子花瓣”，加水拌和“手捏成团而不粘手”，踩制成型“大小均匀、厚薄一致、紧度一致”，安放“不紧靠、不倒伏”，采用纯粹自然接种、富集环境微生物、过程驯化淘汰、消涨和多菌群自然发酵等制作技艺。取新鲜麸皮进行生料发酵，配料“稳定、准确”，翻沙发酵“控制温度、导入空气”，利用昼夜温差自然晒制一年以上，取醋“分池分级、边取边尝、量质摘醋、按质并坛”。新制的药曲通过15天的叠曲、上霉、凉霉、起潮烧、大烧、后烧，水分基本排除，堆放于阴凉通风处冷却数月，达到有益微生物扩大繁殖的目的（图13-14）。

思坡醋的酿制过程中的原料发酵，既有酒精发酵、醋酸发酵，还有乳酸发酵，因而产品具有色泽棕黑，醋香浓郁，味酸醇厚，微甜带鲜，协调爽口，回味悠长，体态澄清，浓而不腻，污腥尽除，久存不腐的特点。同时具有强健脾胃，促进代谢等功效。酸味适度，用中药而无药味，鲜香独特，且具提神健身之功效。

（1）捶醅

（2）踩醅

（3）固态配料发酵

图 13-14　思坡醋制作关键

十二
屏山套醋

屏山套醋产于屏山县，原名屏山晒醋，又名药曲味醋。它问世于清乾隆年间。据记载，套醋为太洪寺高僧所创制。寺僧因常饮此醋，得享高龄百余岁，此酿醋方法传到民间，后继不绝。

屏山套醋以大米麸皮搭配108味草药制成（图13-15）。其色泽棕红，酸而柔醇，爽口回味，异香扑鼻，久存不变。此醋既可烹饪调味，又可代茶汤小酌。它有沁人脾胃、解烦渴、消饱胀、增进食欲之功，还有降血压、止咳嗽、去感冒时疫之效。故屏山套醋闻名遐迩，被人们誉为“金浆之露”。

图 13-15　屏山套醋的发酵

十三
臭千张

据说臭千张最初是由一位杜姓有心人于清咸丰八年（即1858年）创制。后又有一张姓人士继承其手艺，继而发展到乡镇。象鼻乡的陈海廷、李庄镇的饶吉清、柏溪镇的段裁缝等人都是在城内习得技术而回乡生产出售，在城乡中将生产千张的商铺发展到三十多家，其中以宜宾城内北门外洞子口刘福成的店（门口安置有石柜台售货）所产的千张最为有名。

1949年后，千张由国营食品厂专设车间生产，改进设备，用锅炉代替过去的小锅灶，技术上更进一步求精。由于负有名土特产之名，远销上海、南京、汉口、昆明等城市。有的华侨将臭千张带到印度、缅甸等地，也颇受欢迎。

千张包括两种：一种是“净水千张”，是滤过豆渣的；另一种是“泡子千张”，是连豆渣一起做的。千张成品是把水分榨干成根条状（图13-16），制作师傅不仅要有技能，而且一定要在烧浆时掌握火候、舀进箱内发酵时掌握时间和技巧，不然则不能产生鲜、香、臭的独特风味。

图 13-16　宜宾臭千张

臭千张生产工艺流程

黄豆→水发→磨浆→烧浆→点卤→摊皮→去卤→发酵→成品

臭千张是利用优质黄豆为原料，把黄豆泡胀、磨浆后经过烧浆、点卤、摊皮、去卤等工序后，再卷起筒子发酵。几十根放在一起发酵，最后连在了一起，形成一整板。臭千张的臭味是因黄豆在发酵腌制及后发酵的过程中，所含蛋白质在蛋白酶的作用下分解，含硫氨基酸也充分水解，产生硫化氢，这种化合物具有刺鼻的臭味。而蛋白质分解后，即产生氨基酸，氨基酸又具有鲜美的滋味，故吃着香。

食用千张时，可将其切成细条，与牛肉片一起煮汤，称“牛肉连锅汤”；或炒回锅肉，配以蒜苗等佐料，称“千张回锅肉”；或与红萝卜配花椒、海椒、白糖一起焖烧，起锅时加蒜苗、味精，称“千张烧萝卜”，香味扑鼻，鲜美可口。

十四
琵琶冬腿

琵琶冬腿因形似琵琶而得名。其选取当地优质猪腿，取云腿、金华火腿生产技艺之长，精工腌制而成。具有选料严、成型美、工艺巧、加工精等特点。琵琶冬腿的切面色泽鲜艳，肉质细嫩，醇香味鲜，是腌腊品中的精品。其中以长宁县制作的琵琶冬腿为上乘。

琵琶冬腿，性温，味甘、咸；具有健脾开胃，生津益血，滋肾填精、益寿延年之功效。

琵琶冬腿生产工艺流程

选料→切割→上料→整形→翻腿→洗晒→发酵→风干→成品

宜宾人家到了冬月前后都会腌制琵琶冬腿，琵琶冬腿在其制作工艺上十分考究。首先，在原材料上选用了当地优质瘦型猪的大腿；其次，在用料上选用了当地出产的花椒、八角、茴香加盐配以特制香料。

第十四章

中国绸都——南充

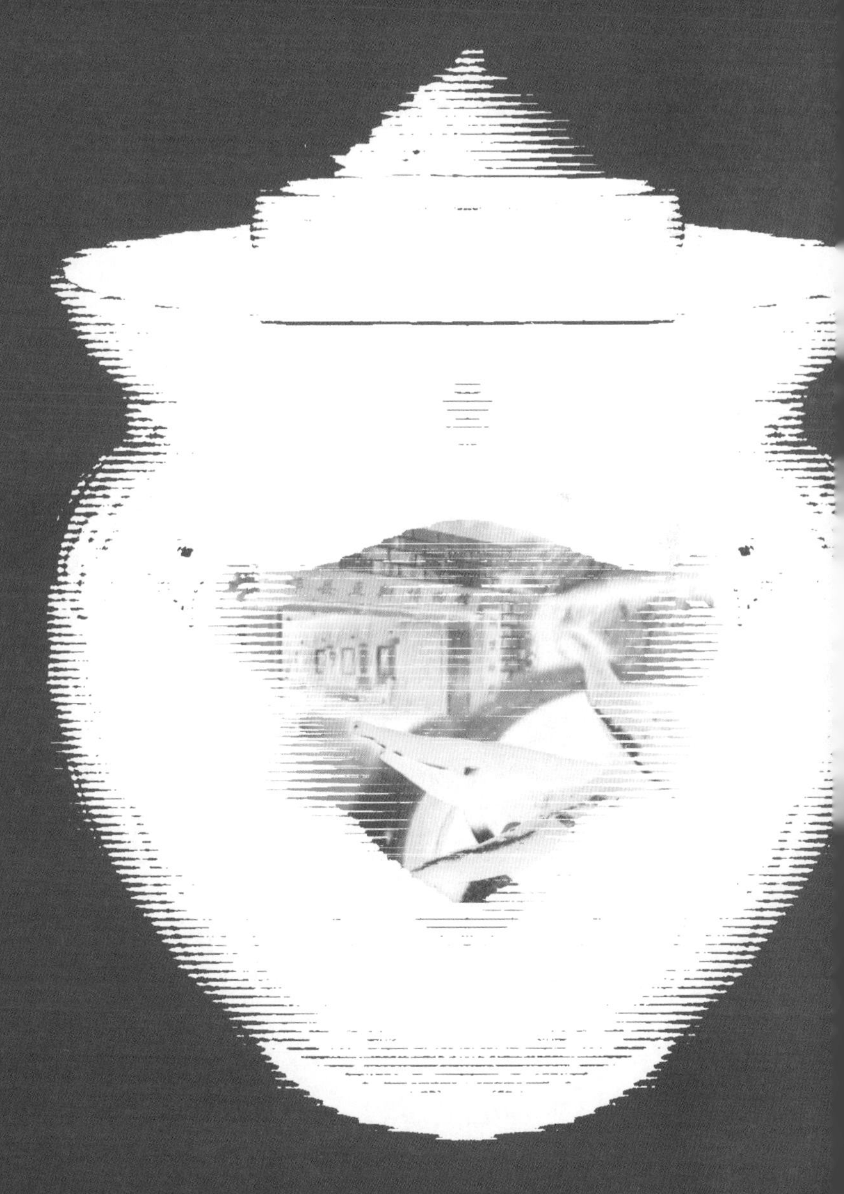

南充，又称“果城”，由三个市辖区、五个县和一个代管县级市组成。素有“水果之乡”“丝绸之都”的美誉。阆中有着2300多年的建城史，古城山环水绕，风光秀丽，是国家历史文化名城，历史文化积淀极为丰厚，地理自然环境是“天人合一”的典范。南充同时是重要的商品粮和农副产品生产基地，传统发酵食品众多，在阆中流传着一句脍炙人口的顺口溜：“张飞牛肉熏黑卖，白糖蒸馍红章盖，男女吃醋不争风，窖压清酒飘四海。”

一
保宁醋

四川麸醋是我国四大名醋之一，其主要产地在四川阆中，是我国麸醋的代表。其中最具代表性为保宁醋。保宁醋与镇江香醋、山西老陈醋、永春老醋并称为“中国四大名醋”。近千百年来，保宁醋通过不断探索和创新，最终形成以麸醋、药醋为特色而名扬中华醋苑的百年老字号。保宁醋以麸皮、小麦、大米、糯米为原料，用砂仁、麦芽、山楂、独活、肉桂、当归、乌梅、杏仁等多味开胃健脾、促进血液循环的中药材制曲，取观音寺“莹洁甘洌、沸而无沉”之唐代古“松华井”之优质泉水（古称观音圣水）精酿而成，近百年来被人们誉为“川菜精灵”，甚至有“离开保宁醋，川菜无客顾”的说法。

阆中酿醋始于周，兴于秦汉，盛于唐，按历史地位及酒醋同源规律推断，阆中酿醋已有两千三百多年的悠久历史。“保宁”牌保宁醋始于后唐长兴元年（公元936年）设保宁军治时，迄今已有1000多年历史，因产于阆中（古称保宁府），故称为保宁醋。

保宁醋酿造技艺主要特点：一是酿醋用的药曲是用五味子、白叩、砂仁、杜仲、枸杞、建曲、荆芥、薄荷等生津开胃、健脾益神的60多种中药为原料制成的。二是制醋的用水是用流经城南一段的嘉陵江中流冬水酿制。流经城南的嘉陵江水，绿水碧波，特别是冬季，更是碧绿清澄，明澈见底。取冬季之水，用沙缸过滤，储存备用。用嘉陵江中流冬水酿成的醋，香味浓郁，酸而微甜，入口生津，久存不腐。所以，过去的醋房多在城南傍江一带的醋房街、下华街、下新街等地。

2009年，“保宁醋传统酿造工艺”因历史文化悠久、工艺传统独特，进入四川省第二批非物质文化遗产名录。图14–1所示为保宁醋厂址。

（1）保宁醋厂址

（2）古酿车间

（3）醋神广场

图 14-1　保宁醋厂址概览

保宁醋生产工艺流程

生料酿造→加入曲药→低温发酵及醋醅翻造→淋醋→熬制过滤→陈酿→包装→成品

保宁醋生产工艺要点

（1）生料酿造　生料酿造是原料未经过高温处理，带有各种微生物进入酿造过程，综合优势菌群、劣势菌群及丰富酿造微生物区系，有利于边糖化边发酵工艺。

（2）加入曲药　曲药对保宁醋酿造具有重要作用，能提供酿造所必需的粗酶，且曲药中部分草药具有一定的防腐作用，增加了发酵过程的安全性。

（3）低温发酵及醋醅翻造　长时间低温发酵，醋醅多次分层翻造，有利于各种物质间的融合和反应，生成风味物质。

（4）淋醋　保宁醋采取三池套淋法，采用高漂、低漂和白水三套漂水，使各淋醋池醋醅中有效成分被充分淋取，提高产品的收得率、等品率。

（5）熬制过滤　经过熬制和过滤，除去生醋中不稳定成分生成的沉淀，增长保质期。

（6）陈酿　经过熬制、过滤的醋，需经过3～12个月的密封陈酿，进一步发生各种反应，最终形成保宁醋的独特风味。

四川麸醋发酵过程优势菌明显，其丰度高，且始终存在于整个发酵过程中，主要真菌有：酿酒酵母、覆膜孢酵母、伊萨酵母、黑曲霉及不可培养真菌；主要细菌有：嗜酸乳杆菌、不可培养乳杆菌、类肠膜魏斯菌、葡萄糖醋杆菌、巴氏醋杆菌、不可培养醋杆菌、不可培养芽孢杆菌、不可培养细菌、甲醇酸单胞菌。

保宁醋色泽棕红、酸味柔和、酸香浓郁，具有开胃健脾、清心益肺、增食欲的功效。保宁醋不仅是调味佳品，而且含有18种人体需要的氨基酸，多种维生素和有益于健康的锌、铜、铁、磷、钾等十多种微量元素和常量元素。

二
川沱酒

川沱酒产自南充市西充县，产品多属于浓香型大曲酒，历史悠远，古称“充国烧酒”。据史料记载：“古邑充国，酒坊遍布，十里八铺，烧酒飘香”。唐宋有“环城十八井，双珠龙泉美，沱水甘且冽，不醉何云归”的美传；清代西充县令刘鸿典赞“每逢佳节火锅烧，更有高粱烧酒好”。西充烧酒取水自虹溪河畔十八井之龙泉沱水，后来人们就将其更名为“川沱酒”。

川沱酒浓香型大曲酒酿造以高粱为原料，优质大麦、小麦、豌豆混合配料，培制中、高温曲，泥窖固态发酵，采用续糟（或）配料，混蒸混烧，量质摘酒，原度酒贮存，精心勾兑而成。细菌、霉菌、酵母菌是浓香型白酒酒曲中的重要微生物。在酒曲中发现的细菌主要有醋酸菌、乳酸菌、芽孢杆菌等；在酒曲中发现的霉菌主要有曲霉、根霉、毛霉、犁头霉、青霉等；酵母菌主要有酒精酵母、产酯酵母以及假丝酵母等。浓香型白酒酒曲中的酶系主要分为淀粉酶、蛋白酶、酵母胞内酶等。

1993年川沱酒荣获泰国曼谷国际食品博览会金奖；1990年川沱牌45度获中国优质白酒精品奖；1994年沱牌35度、52度获中国大西南名牌产品金奖等殊荣；2002年川沱酒被南充市人民政府列为专用接待酒；2004年“川沱”商标被四川省工商局授予“四川省著名商标”；2007年在第十九届西部商品交易会上“蜀典”被评为“知名畅销产品”；2008年公司又荣获“四川省质量管理先进企业”称号，再次被南充市委市政府列为专用接待酒。蜀藏、蜀典、蜀秀、百年盛世等浓香型系列白酒，具有酒液晶莹、醇绵净爽的品质特点。

三
金溪白酒

金溪白酒，又名斜溪白酒，历史悠久，颇负盛名。据《旧唐书·元稹传》记载，因仰慕金溪白酒的盛名，唐代诗人元稹曾停留蓬安境内，多次到金溪镇畅饮此酒。他在《感梦》一诗中写道，“三十里有馆，其馆名芳溪。”芳溪，即如今的蓬安县金溪镇。金溪白酒中最为有名的就是金溪夏酒。据《蓬安县志》记载：明末清初，吴、王两家从外地迁来金溪场定居，开设酒坊，将高粱浸泡煮裂、洒水冷却、拌药曲和糯米醪糟；入桶时，分层放置红色高粱叶柄，渗入白酒，密闭发酵，分3次提取原酒混合而成，称之为金溪夏酒。金溪夏酒色泽棕红，醇香味甘，夏季饮用尤爽。清代，曾作为蓬州贡酒。民国初，川北宣慰使张澜饮用此酒后，大加赞赏。因其风味独特，行销嘉陵江沿岸地区，上至广元，下至重庆，并在南充设有“清溪酒庄”。后金溪白酒注册品牌“金粮纯”“金粮液”，产品远销河北、山东，蜚声省内外。

金溪白酒以精选大米、高粱、糯米、小麦、玉米为原料，以纯小麦特制大曲为糖化发酵剂，采用老窖续糟三十天固态发酵，取用纯净清冽的优质地下山泉活水精心酿制。采用配醅发酵、分层蒸馏、量质摘酒、按级并坛等精湛的技艺。金溪夏酒是以高粱、糯米为主原料，辅以其他5种原料，拌上由108味中药制成的特殊酒曲，配以清水，经过泡料、初蒸、闷水、浮蒸、出粮、下曲、收粮、培菌、烤酒等多道工序，这样酿出来的酒呈棕红色，回味悠长。金溪白酒酒体风格属浓香型，具有芳香浓郁、绵柔甘洌、回味悠长的特点。

四
保宁压酒

保宁压酒又称窖压清酒，多年来得到广大群众和来阆游客的喜爱，成为宴客和馈赠亲友之珍品。阆中的空气湿度和温度非常适合保宁压酒酿酒微生物的生长繁殖。阆中有特殊的紫色土，这种土壤的母岩为紫色砂页岩，富含多种有益成分，呈多粒状结构，易溶解、吸收；质地中性。保宁压酒使用经紫色砂页岩过滤、渗透后的地下水生产，水质无色透明、无臭无味、清纯、甘洌爽口、无污染，是酿酒的宝贵水源。且由于水经沙土层过滤，沙土层下的黏土含有一种能产生窖香前体物质的芽孢杆菌，酿酒用水含有这种芽孢杆菌，可以使酒加倍醇、香、甜。

保宁压酒制作工艺独特，选取当地大麦、小麦和当地出产的红高粱为原料，以及百余种中药来制作酒曲；将清洗干净的原料放入蒸锅，煮至高粱粒心不透，放水起锅，降温至24～26℃，加入药曲，均匀摊放3小时，回堆发酵5～6小时；将煮料放入发酵桶，小曲酒与山泉水混合加入，温度控制在26～28℃，15天左右完成发酵；45天左右加入中药防腐剂杀菌液，获得压酒基础酒。然后配以冰糖、花粉等，用瓦缸装酒入窖，保持一定温度，贮存一年出窖开缸，便成为压酒。60度左右的基酒，入窖1～3年后，出窖时变成26度左右的低度酒，且呈半透明的琥珀色。

保宁压酒是四川阆中地区传统酒种，度数不高，营养丰富，酒味醇和；保宁压酒中含有17种氨基酸以及丰富的维生素，有滋养身体等作用，多年来受到广大群众的喜爱。

五
仪陇黄酒

仪陇黄酒于1986年开始酿制，是南充市仪陇县的著名特产之一，四季可饮，享有“液体蛋糕”“酒坛奇葩”之美称。仪陇黄酒有糯米陈酒、封缸酒、杜仲糯米酒、天麻糯米酒、当归糯米酒、橘子糯米酒等甜型黄酒，曾先后荣获四川省二轻系统旅游纪念品奖、第二届全国优秀旅游品二等奖、首届中国黄酒节名优黄酒评比优质二等奖。仪陇黄酒厂区如图14-2所示。

图 14-2　仪陇黄酒厂区

仪陇黄酒取料于朱德故里仪陇县的香糯米或大糯米，汲金城龙泉的泉水，运用酿制黄酒之特技，对通过精加工之糯米，筛选（除去稗粒、碎米和杂质）、淋饭、拌曲、前酵、加酒、后酵、压榨、粗滤、贮存、再精滤等，精心操作酿制而成。仪陇黄酒的特点是酒精含量低（15%～16%，体积分数），葡萄糖含量较高（24%～26%），香气浓郁，芬芳沁心，味甘醇鲜美，色棕红悦目，营养丰富。它富含维生素和17种氨基酸，其中有7种是人体所必需而自身又不能合成的氨基酸。仪陇黄酒可作烹饪菜肴的调味佐料或解腥剂，也是中药的炮制原料和药引子（图14–3）。

图 14-3　仪陇黄酒

六
南充冬菜

传说老子骑青牛飞过嘉陵江，看见嘉陵江边水草肥美，就停下让牛吃草，牛吃饱后屙了一堆牛粪，形成烟山牛肚坝，坝土肥沃无比，种植的芥菜长得格外鲜美，然后有聪明人就发明了独特的加工方法，将当季吃不完的芥菜加工成名扬天下的冬菜。

《南充县志》中有这样的记载："清嘉庆年间（1796—1820年），顺庆就有冬菜出售。道光年间（1821—1850年），县人张德兴在县城经营"德兴老号"酱园铺，制作冬菜，颇有名气。民国35年（1946年）县人任进伟又开办"十里香"酱园，腌制的十里香冬菜与德兴老号冬菜齐名，这时城内已有酱园30余家。

南充冬菜生产工艺流程

原料芥菜→晾晒→整形→揉捏→盐渍→搅拌→混合→装坛→晾晒后熟→成品

南充冬菜生产工艺要点

（1）晾晒　将芥菜类的箭秆、青菜的菜薹（高17~20厘米时）采回切成数片，晾软，每100千克新鲜原料蔬菜干到20千克左右为宜。

（2）整形、揉捏、腌渍　去掉不可食用的茎端或根部、外部的枯叶。在晾干后的菜心100千克中加入食盐13千克，充分揉捏，直至蔬菜全部变得柔软。将经过充分揉捏后变得柔软的菜心放入罐中，通过层盐层菜的方式进行腌渍，盐的使用量从下至上逐渐增加。腌渍一段时间会有卤水溢出，溢出的卤水通过预先设计的排水系统收集。为使盐腌均匀进行，通常1个月搅拌1次，耗时1~2个月。

（3）混合　按照每100千克盐腌菜中加入1.1千克山椒、香松、小茴香、八角、桂皮、山柰、陈皮、白芷等混配的香辛料，各厂使用的香辛料种类和使用量不尽相同但近似。

（4）日晒及后熟　装坛后的腌菜露天曝晒，促进微生物发酵，增强蛋白质分解和风味成分产生。通常此曝晒过程约需2年时间，有的厂家为了制作优质产品，甚至将此过程延长到3年之久。坛中的腌菜在最初的1年间由绿色变成黄色，第2年由黄色变成褐色，到了第3年，从褐色变成黑色，此时就成为“冬菜”（图14-4）。

研究发现，南充冬菜中细菌群落多样性较低，以枝芽孢杆菌、巨大芽孢杆菌等中度嗜盐菌为主。

南充冬菜发展至今已拥有许多著名的品牌，如：“东碧”牌南充冬菜、“天冠”牌碎米冬菜、“烟山”牌嫩尖冬菜、“十里香”牌南充冬菜。

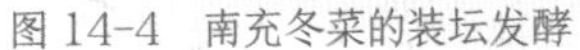

图 14-4 南充冬菜的装坛发酵

图 14-5 烟山冬菜

其中，“烟山”牌嫩尖冬菜，主产于南充市青居镇，迄今已有200多年的历史，在清朝乾隆年间曾作为朝廷贡品而闻名于世（图14-5）。“十里香”牌南充冬菜也是四川名腌菜之一。1981年南充冬菜在四川省“四菜”评比会上，以光泽油润、清香脆嫩、风味浓郁取胜，被评为全省第一名。2010年南充市公布的第三批市级非物质文化遗产名录中，青居冬菜厂的卢革新成为烟山冬菜腌制技艺的非遗手工技艺传承人。2011年，南充冬菜成为国家地理标志产品。

南充冬菜菜型均匀，褐黑色、油润、有光泽；具有独有的酱香味和辛香味，香气浓郁；味道鲜美、质地脆嫩、咸淡适口；富含氨基酸、乳酸、蛋白质、维生素和多种微量元素；有开胃健脾、增进食欲、增强人体机能之功效。

七
白糖蒸馍

保宁白糖蒸馍是清代乾隆时四川省阆中糕点师哈公奎创制的一种名小吃（图14-6）。大画家丰子恺在阆中办画展时，最爱吃阆中的蒸馍油茶，写诗赞美道：“锦屏山下客留连，蒸馍油茶胜绮筵。”图14-7所示为

图 14-6 白糖蒸馍

图 14-7 白糖蒸馍名店

一白糖蒸馍名店。

保宁白糖蒸馍是运用酵母菌发酵，其色白如银，酥散绵软，鲜香回甜。保宁白糖蒸馍与一般糖蒸馍不同的是不用纯碱，在适当气温下自然发酵，既保持了面的清香，又因发酵而自发产生了纯正曲香。白糖蒸馍无中式馒头的碱涩味，也无西式面包的微酸味，有的白糖蒸馍还加有桂花汁，有淡淡桂花香味。雪白的蒸馍盖上两个小红章，看起来美观，口感绵软，热吃嚼而不黏，冷吃酥散爽口，回笼再蒸，与鲜馍一样。

1990年省级名小吃评比中，保宁白糖蒸馍金榜题名；1912年获巴拿马国际博展会银质奖章。保宁白糖蒸馍耐贮耐运，久存不坏。炎热季节可放10天，冬季可存半年而不变质走味，为居家旅途必备。

第十五章

中国气都——达州

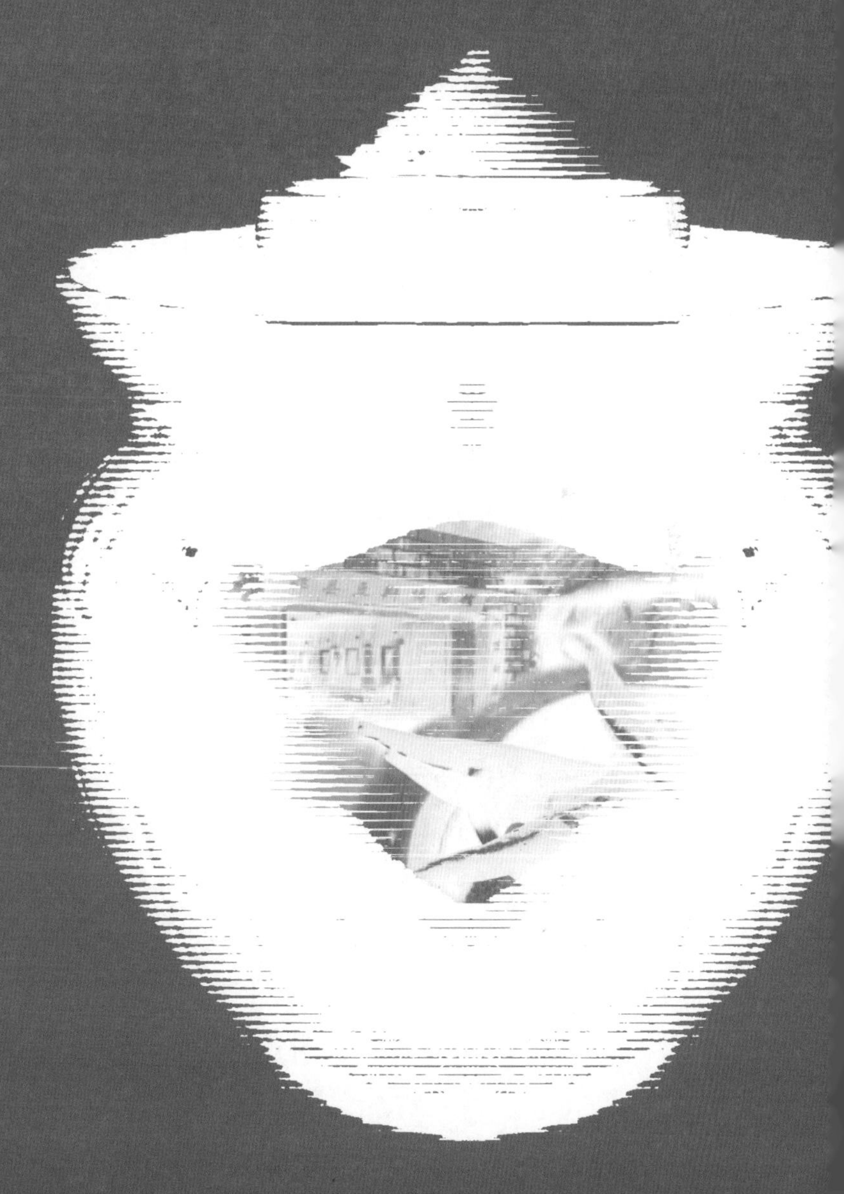

达州又名“通州”，由两个市辖区、四个县、一个代管县级市组成，是全国三大气田之一，也是国家“川气东送”的起点站，素有“巴人故里、中国气都”称号。

达州的传统发酵食品历史悠久，经过千百年来的发展和创新，成为具有明显地方特色，独具风味的食品。

一
东柳醪糟

东柳醪糟是古老的特色小吃，其酿造历史悠久，源于汉，盛于清，见《大竹县志》记载：“甜酒亦以糯米酿成，和糟食用，故名醪糟，以大竹城北东柳桥所出为最。”故名东柳醪糟。东柳桥位于大竹县城以北，距大竹县城三里。据传，距“东柳桥”一里路的唐家大院，有一股泉水终年不断流淌，附近几里居民争相搬至附近建房盖屋，视泉水为神水，求得保佑，百病拒之。用此水煮饭，米饭特别柔软，香气扑鼻，尤其是用此水煮糯米饭，更有独特风味。

一唐姓人家居唐家大院，一家三口，夫常年以杀猪及卖草药谋生，唐妇廖氏在家打理家务。一次唐杀猪匠走村串户三天后返家，还未进屋，一股香甜味扑鼻而来，进屋后，甜味更浓，左找右找没有发现什么，当取碗准备吃饭时，发现碗柜里的一碗剩饭，正冒香气，并有少许水渗于饭中，杀猪匠随手端起一闻一喝，此饭居然甜、香且微有酒味。原来是杀猪匠的小孩不慎将盛装过三皂角、甘草、甜草、丁香、百扣等草药粉剂的碗未洗就拿来盛装了剩饭。此后唐廖氏便以此开了一个作坊，来往行人商贾多喜品尝解渴或携带瓦罐甜酒。一日一书生经过此地，品尝后觉得口感香甜，又因甜酒合糟滋味独特，有似酒非酒之感觉，而唐廖氏所制作的口味特别纯正，便以其物、其人、其姓命名为

"醪糟"。到清光绪年间，东柳醪糟更是名传千里，誉满全国了。

1983年东柳醪糟获四川省供销合作社系统优质产品称号。1984年东柳醪糟历史上第一次有了"东柳桥醪糟企业标准"，同时被列入《中国土特名产辞典》。1995年送展人民大会堂举办的"华夏文化促进会成立五周年暨文化养生委员会成立大会"，被大会指定为专用食品。1998年被四川省技术监督局评为"群众喜爱商品"。2011年东柳醪糟成为国家地理标志性产品。2012年大竹东柳醪糟的"东汉"商标成功升级为"中国驰名商标"（图15-1、图15-2）。

图 15-1　大竹醪糟厂址

图 15-2　大竹醪糟文化博物馆

东柳醪糟生产工艺流程

糯米→浸泡→淘洗→除皮→除渣→除污水→除糠壳→蒸制→降温散热→发酵→装罐→成品

东柳醪糟的制作需要将糯米入清水浸泡后淘洗，再进行除皮、除渣、除污水、除糠壳等工序，然后将糯米蒸至"熟透内无硬心"的状态。蒸制完成后，称取与糯米等重的水洒在蒸好的糯米上，进行降温散热。然后按一定比例放入曲药，进行发酵。发酵时间夏季一般24小时，冬季48小时，春秋季36小时，当醪糟在容器中浮起，可以转动，醪糟中心圆洞内完全装满汁水即成。发酵温度一般应在30～32℃。

东柳醪糟具有色泽莹亮润滑，粒如串珠的特点，具有蜜糖风味，醇香浓郁。醪糟中优势菌群为米根霉和酿酒酵母，米根霉将淀粉分解成葡萄糖，酿酒酵母再将葡萄糖转化成酒精，使醪糟甜中带香，香甜可口，营养丰富。其含蛋白质、脂肪、葡萄糖及各种维生素，营养丰富，有滋阴补肾、助消化、增食欲之效。

二
渠县三汇醋

渠县三汇醋厂始创于明末清初，得名于三汇码头（图15-3），至今已有三百多年历史，其前身为华昌醋庄。1932年在赋学的三汇人李佰伦毕业后弃官返乡，从事酿造研究，对三汇特醋的酿造工艺进行改造，选用大米、糯米、大麦、小麦、黄豆、绿豆、麸皮等为原料，用160多味中药材制曲，自然发酵，经过40多道工序精酿而成，使得产品品质进一步提高。

图 15-3　三汇码头

目前，公司主要产品包括“三汇牌”三汇特醋、米醋、果醋等系列调味品，“三汇牌”三汇特醋是中国十大名醋之一，多次荣获商业部、四川省优质产品称号以及四川省消费者喜爱商品，全国食品行业优质奖，国家科学技术委员会、省政府双新博览会金奖，“四川名牌”产品称号，且获QS国家质量安全认证。

“三汇牌”特醋、米醋、陈醋，将数百年传统工艺与现代化科学相结合，采用天然微生物和纯种曲霉、生香酵母，经制曲、糖化、酒精发酵、醋酸发酵、陈酿、淋醋、灭菌、检验等工序制成。成品色泽棕红鲜亮、醋香浓郁、酸味柔和可口、滋味回甜醇厚，含有多种有机酸、氨基酸和糖类等（图15-4）。三汇果醋是以当地的水果为原料，选用多种优良菌种，采用先进的液态制醋设备，经破碎、入罐、酒精发酵、过滤、灭菌等工序酿成，具有浓郁的果香味和特有的食醋香味。

图 15-4 渠县三汇醋

三
渠县呷酒

渠县位于达州市西南部，享有“中国汉阙之乡”“中国竹编艺术之乡”“中国黄花之乡”的称誉。呷酒又名咂酒，其起源可以追溯到秦汉以前，距今有四千多年历史，被视为中国酒文化“活化石”。从贡酒到今天，人们每逢收获、节日、休闲时，畅饮呷酒，品味秦汉遗风，感受汉唐盛世，抒发真挚情怀（图15-5）。

图 15-5 渠县呷酒

在渠县素有“九月九，做呷酒”的说法。因为闲暇的农家妇女习惯在九月初九这天，将高粱浸泡蒸煮，然后撒入曲药并密封贮藏在陶瓷器皿中酿酒。据《华阳国志》《后汉书》等古代文献记载：呷酒与中华文明同步，起源于秦汉前的古都车骑城（现四川渠县土溪城坝村），賨人建立了賨国，发明、酿造了醇和怡畅的呷酒。公元前314年，秦灭巴蜀置宕渠郡，秦王将賨人进贡的“清酒”定为宫廷御酒。秦末汉初，賨人助刘邦灭秦，汉高祖品呷酒，观巴渝舞，欣然封呷酒为汉朝贡酒，年年进献。从此，渠县呷酒名扬天下，世代相传，成为广大群众喜欢的民间美酒。

呷酒生产工艺流程

选料→浸泡→蒸煮→散热→下药曲→发酵→储藏→分装→成品

呷酒主要以巴河流域优质的糯高粱为主要原料，再配以党参、大枣、枸杞、红花等名贵中药材，采用独一无二的酿造古法和老窖发酵，并与现代酿造技术和独特营养配方有机结合，最终酿制而成。

渠县呷酒酿制中每道工序的精准度不容易掌握，据当地人说，其诀窍是："精选优质红高粱，浸泡翻淘呈白黄。去水三天沸煮蒸，八成熟后起锅凉。发酵下药用秘方，瓷坛密封耐贮藏，年限越久越幽香。"渠县呷酒酿造过程中，选用的红高粱要求颗粒饱满、均匀、色泽橙红；将选好的红高粱用清水浸泡一昼夜，使之充分吸收水分发胀，在浸泡过程中定时换水、翻动。将冲洗过的高粱倒入锅中煮至七分熟，捞起滤去水，再将高粱置于大锅内的大木蒸笼里，高温蒸煮至熟。倒入备好的大簸箕中自行搅动散热，使之散热均匀。待高粱散热完毕后，将曲药压成细粉均匀地撒在高粱中拌匀，用植物叶盖住，根据季节和气温铺上棉质物品，盖严盖实，置于发酵室中。发酵工序是整个酿造技艺的关键，发酵24小时。待热气散发完毕，将发酵的高粱装入洗净晾干的罐子或坛子里，罐（坛）口用大叶子盖实，再拌泥巴糊住罐口置于阴凉处贮藏，时间一般为40天。渠县呷酒有特别的饮用方式，揭开盖口，加入适量红糖和沸水，加盖浸泡3～5分钟，即可插入吸管饮用（图15-6）。

渠县呷酒酿造技艺的传承人为达州市渠县宕府王食品有限公司的张伟和张清平，两人带领公司打造呷酒品牌，使其顺利跻身国家非物质文化遗产之列。

渠县呷酒酿造过程科学严谨，既注重了呷酒的传统品质——品味香醇、营养丰富，又结合现代保健需求，具有养颜、怡神、促进血液循环等功效。呷酒酒精度低，味道香醇甘甜，无传统酒的辛辣感。

图 15-6 饮呷酒

碧峰峡

第十六章

民族走廊——雅安

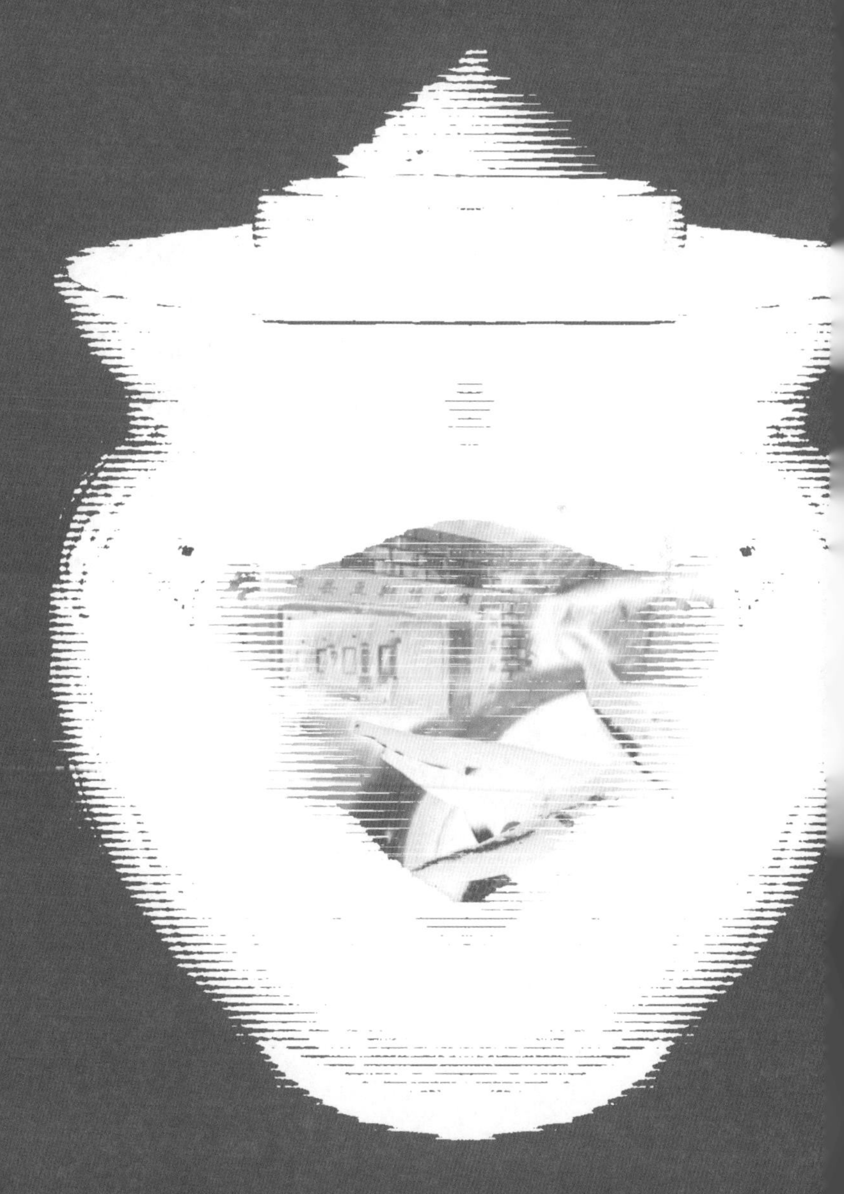

雅安别称“雨城”，由两个市辖区和六个县组成，位于川藏、川滇公路交会处，素有“川西咽喉”“西藏门户”“民族走廊”的称号。

雅安作为边茶之乡，是茶马古道的起始地，雅安边茶、蒙顶茶从唐代开始传入西藏，后逐渐发展成“以茶易马”“茶土交流”的规模，成为汉族与藏、羌族等各族人民增进交流的重要枢纽。

一 蒙顶山藏茶

雅安藏茶在不同的历史时期又称黑茶、乌茶、大茶、雅茶等。雅安是当时西康省的省会，故取了西康的“康”字，而茶叶形状像砖（图16-1），又得名康砖茶。

图 16-1　藏茶茶砖

雅安市的蒙顶山应该是世界产茶历史最早的地方，雅安茶供应藏区的历史最早，持续时间最长，直到现在，西藏90%的茶叶仍来自雅安。由于藏茶具有抗辐射、消解脂肪、防止缺氧症与抗高寒等保健功能，因此被藏族人民誉为“赖以生存的生命之茶”，流传着“宁可三日无粮，不可一日无茶”的谚语。据史料记载，公元641年，文成公主远嫁吐蕃赞普松赞干布时，将汉地的茶和文化带到藏区。茶马古道是古代四川、云南与西藏之间的贸易通道，马帮和背夫运输茶叶、马匹、药材。主要有两条线，一条从四川的雅安出发，一条从云南普洱出发。川藏道靠的背夫运茶，不仅比滇藏道的马帮队有更强的人文精神，而且茶叶的运输量也比滇藏道大，背夫队伍浩浩荡荡，蔚为壮观。藏茶作为“政治茶”，历朝中央政府均以控制藏茶的专供权来维护西藏稳定，称为“以茶制边”；藏茶作为军事茶，用茶叶换西藏的马匹，用于装备军队；藏茶作为“经济茶”，文成公主带去了茶叶，开辟了西藏的饮茶史，拉开了藏汉民族间的贸易往来，增进了友谊，繁荣了市场；藏茶作为“文化茶”，增进了藏汉民族间的文化交流。

雅安藏茶制作技艺，主要依靠茶号和茶厂的传统艺人、工匠在加工过程中代代口授心记。有文字记载，雅安茶厂已有460多年的历史了，是藏茶行业中历史最悠久的茶厂，并于2000年实现改制。目前，雅安茶厂出产的藏茶，除销往藏区外，也正在汉区逐步推广。一度难觅“知音”的藏茶，将逐渐为越来越多的消费者所接受。雅安藏茶制作技艺主要分为采割、原料茶初制、成品茶加工三大主要部分。传统雅安藏茶原料是国内外唯一使用“茶刀子”采“割”的。原料茶分本山茶、上路茶、横路茶、条茶、撒茶等。

（1）本山茶　产于雨城区周公山一带，于每年端午节和白露前后前分两次留桩3.5厘米采割。

（2）上路茶　产于雨城区大河、严桥、中里等山区，每年于大暑至立秋之间采割一次，留桩3.5厘米。

（3）横路茶　产于名山、天全、荥经等县，多实行粗细兼产，即春季采细茶、大暑至立秋前采边茶。

（4）条茶　砖茶的主要原料之一，每年谷雨后、端午前采割。

（5）撒茶　毛尖、芽细、砖茶的重要原料，清明后至立夏前采收。采收标准为一芽二、三、四叶。古代每年开采茶叶都要举行隆重的仪式。

原料茶初制分为传统做庄茶和复制做庄茶两种。传统做庄茶制作是在鲜叶杀青后，先经多次热揉和渥堆，然后干燥，历经18道工序，依次为：杀青、初堆、初晒、初蒸、初踩、二堆、初拣、二晒、二蒸、二踩、三堆、复拣、三晒、筛分、三蒸、三踩、四堆、四晒。复制做庄茶是将毛庄茶经复制做成做庄茶。复制工艺有蒸、揉、发酵、干燥等。

成品茶加工是通过整理、拼配、舂包等工序将原料茶制为成品茶。条包砖茶是雅安藏茶的又一显著特点。原料茶整理是经筛分、风选、拣剔、切铡、干燥、停仓等工序去除茶梗及杂质，调整含水量，分质量等级存放等。最后通过压制，将料茶压紧成为茶砖。冷却后把砖茶倒出茶篼子，取隔页、包黄纸、打标签、包牛皮纸、捆千斤篾、再装入茶篼子、编包成为成品茶。成品茶经检验合格进入成品库。小垛码放，促进通风和自然后发酵。

影响雅安藏茶发酵的生物因素主要是渥堆过程中的黑曲霉和酵母菌等泌酶真菌以及茶叶自身的茶多酚。根据原料、质量的不同，进行渥堆转色发酵，有的在初制时发酵，有的在复制时发酵。独特的压制工艺确保茶砖不能松，也不能太紧，既有利于长途运输，又有利于通风干燥、后发酵；从半成品到成品茶直至饮用，在自然干燥过程中茶叶内质都在持续转化。

康砖茶的外形呈圆角长方形，表面平整、紧实，洒面明显，色泽棕褐；内质香气纯正，汤色红褐、尚明，滋味纯尚浓，叶底棕褐较老。金尖茶的外形呈圆角长方形，稍紧实，无脱层，色泽棕褐；内质香气纯正，汤色黄红、尚明，滋味醇和，叶底暗褐老。康尖茶外形呈圆角方形，表面平整、紧实，色泽棕褐；内质香气浓郁纯正，汤色红而透亮，滋味醇和甘爽，叶底棕褐稍老。劣质藏茶颜色褐而不深，感觉茶质不干净，有的表面有黑霉、灰霉、气味有霉臭味，汤色呈猪肝红，且汤质浑浊，进口霉涩而苦，香气不纯，入口困难。

二
荥经茶叶

荥经茶叶生产历史悠久，尤以边茶著称西南。古代统治者对边茶实行官方专卖，以后允许商人自由贸易，他们把边茶作为统治藏族同胞的一种手段（图16-2～图16-4）。17世纪初，清朝统治者设厂加工制茶，以雅州（今雅安市）为中心，销售到康定、西藏地区。荥经生产的边茶称为“南路边茶”。荥经气温低，雨雾多，水土适宜，为茶叶生长提供了良好的自然条件。每年农历谷雨到白露是采茶旺季，茶农抓紧适时采摘。

荥经边茶分为康砖、金尖、金仑、金玉、细芽、毛尖六个品种，荥经茶叶，具有色、香、味融为一体，色泽翠绿如玉，香气扑鼻持久，汤色黄绿明亮，醇厚爽口，口感甘甜的特点。茶叶肉头厚、体分重、口味纯、耐浸泡，具有很高的营养价值和保健价值，是人们饮用、馈赠的佳品。

图 16-2　汉源清代孚和茶号旧址

图 16-3　荥经裕兴茶店

图 16-4　重走茶叶之路驼队到雅安

三
蒙山黄芽

蒙山黄芽是芽形黄茶之一，产于四川省雅安市蒙山。产地全年平均气温14.5℃，年降水量2000～2200毫米，常细雨蒙蒙、烟霞满山。这种生态环境，能减弱太阳光直射，使散射光增多，有利于茶叶中含氮物质的形成，也增加了氨基酸、蛋白质、咖啡碱、咖啡因、维生素C的含量。蒙山茶栽培始于西汉，距今已有近两千年的历史，古时为贡品供历代皇帝享用，新中国成立后曾被评为“全国十大名茶”之一。

据古籍、古碑和清代《四川通志》载，西汉名山茶农吴理真手植七株茶树于蒙山之巅，从唐代开始在此采摘贡茶，宋代正式命名为“皇茶园”（图16-5）。甘露三年（公元前51年），吴氏在蒙山植茶成功之后，蒙山茶农历经东汉、三国两晋南北朝，将蒙茶繁育、扩展到整个蒙山全境。到唐代，蒙山茶已发展到相当大的规模，品质和数量都超过了其他地区，并在中国享有很高的声誉。据蒙山茶史专家李家光教授考证，蒙山山茶创制顺序为：蒙山石花—蒙山黄芽—玉叶长春—万春银叶—蒙山甘露，其中蒙山黄芽属黄茶类，是一种轻微发酵茶。唐《国史补》中记有“茶之名品，蒙山之露芽”。蒙山茶传统制作技艺已被评为四川省非物质文化遗产，现今传承人为雅安市名山县非物质文化遗产保护中心的成先勤和魏志文。

图16-5　蒙顶山上的“皇茶园”

蒙山黄芽生产工艺流程

鲜叶摊放→杀青→初包→二炒→复包→三炒→摊放闷黄→四炒→烘焙干燥→包装→成品

鲜叶采摘时间是在春分至清明前后。采摘后的鲜叶用锅壁平滑光洁的锅，采用电热或干柴供热。当锅温升到100℃左右，均匀地涂上少量白蜡；待锅温达130℃时，蜡烟散失后即可开始杀青。每锅投入嫩芽120～150克，历时4～5分钟，当叶色转暗，茶香显露，芽叶含水率减少到55%～60%，即可出锅。包黄是形成蒙山黄芽品质特点的关键工序。将杀青叶迅速用草纸包好，使初包叶温保持在55℃左右，放置60～80分钟，中间开包翻拌一次，促使黄变均匀。待叶温下降到35℃左右，叶色呈微黄绿时，进行复锅二炒、复锅三炒、复锅四炒，使叶片含水量降低，颜色变为黄绿色；最后堆积摊放，促使叶内水分均匀分布和多酚类化合物自动氧化，达到“黄叶黄汤”的要求。最后烘干温度保持40～50℃，慢烘细焙，以促进色香味的形成（图16–6）。烘至含水率5%左右，下烘摊放，包装入库。

黄茶的品质特点是“黄叶黄汤”。这种黄色是制茶过程中进行闷堆渥黄的结果。黄茶分为黄芽茶、黄小茶和黄大茶三类。由于品种的不同，在茶片选择、加工工艺上有相当大的区别。蒙山黄芽外形扁直，芽条匀整，色泽嫩黄，芽毫显露，甜香浓郁，滋味鲜醇回甘（图16–7）。

黄芽原料单芽，清明前采摘，色黄绿，成茶芽条壮硕，芽尖毕露，一斤干茶需要4万～5万个芽头。成茶色泽黄亮，油润有金毫，开汤后淡黄明亮、底芽嫩黄，具有叶金黄、汤亮黄、底嫩黄的“三黄”特点；滋

图16-6 蒙山黄芽的摊放闷黄

图16-7 蒙顶山黄茶

味具有醇浓鲜爽、蜜甜馥郁、韵味悠长的独特品质风格，是茶类中的极品。蒙顶黄芽芽叶细嫩，显毫，香味鲜醇。黄茶会产生大量的消化酶，对脾胃最有好处，消化不良、食欲不振、懒动肥胖，都可饮而化之。而蒙顶黄芽能更好地发挥黄茶原茶的功能，茶黄素能穿入脂肪细胞，使脂肪细胞在消化酶的作用下恢复代谢功能，促进脂肪化除。蒙顶黄芽茶中富含茶多酚、氨基酸、可溶性糖、维生素等物质，茶鲜叶中天然物质保留85%以上，这些物质对防癌、抗癌、杀菌、消炎、减肥均有效果。

四
南路边茶

边茶属于紧压茶类，也是黑茶的一种，属于后发酵茶类，是专供边区藏族人民的饮料。四川边茶因销路不同，分为南路边茶和西路边茶（图16-8）。清朝乾隆时代，规定雅安、天全、荥经等地所产边茶专销康藏，称“南路边茶”（图16-9）。又因专销藏地，又被称为“藏茶”。南路边茶手工制作技艺距今已有1300多年的历史。过去从产茶的雅安汉区到藏区路途遥远，运输过程要经过日晒雨淋，茶叶在长时间高温湿润

图 16-8　川茶边销

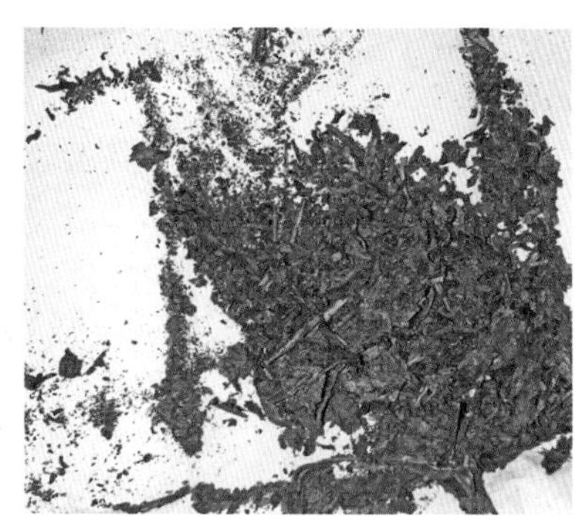
图 16-9　南路边茶

的条件就自然发酵。当茶叶运到藏区之后，当地藏民发现发酵的茶叶味道更好，人们便发明了南路边茶独特的制作技艺。南路边茶过去以雅安、乐山为主要产区，现扩大到全四川省和重庆地区，集中在雅安、宜宾、江津、万县、达县等地的国营茶厂压造。南路边茶传统手工制作技艺于2008年进入第二批国家级非物质文化遗产名录，2011年入选第一批国家级非物质文化遗产生产性保护示范基地，非遗传承人为甘玉祥（图16-10）。

图 16-10　南路边茶传承人甘玉祥（中间）

唐代出现了蒸煮杀青技艺，蒸青团茶的工艺基本形成。至宋代，蒸青团茶的工艺得到了改进和提高。明代出现了散庄叶茶，明末将散茶筑制成包，成为紧压砖茶。至清末民初，南路边茶的制造工艺已完全成熟。1949年后，由于机械设备的引入，简化了手工制作技艺，产品品质更加稳定。1972年四川省农业科学院茶叶研究所反复研究，将做庄的18道工序简化为8道，并引用了杀青机和揉捻机进一步改进了杀青、揉捻工艺。20世纪80年代，使用蒸汽渥堆节省了发酵时间。加工整理、拼配之后的压制工艺，相比过去传统的手工舂包工艺也有变化，现在加工中康砖茶和金尖茶仍然沿用舂包工艺，但改为了机械舂包；而毛尖茶和芽细茶则改为电动螺旋压力机压制。

根据原料产地、加工程度不同，南路边茶原料分为“做庄茶”和“毛庄茶”。两种原料最本质的差别是加工程度的不同：做庄茶经过了渥堆，内质达到黑茶的品质要求，经过整理后可以直接拼配压制成为砖茶；而毛庄茶没有进行渥堆，需进行渥堆（复制）后才能成为做庄茶。

南路边茶生产工艺流程

鲜叶→杀青→揉捻→检梗→初干→复揉→渥堆→检梗→干燥→成品

其中，渥堆被认为是形成黑茶特有品质的关键工序，目的是促使粗老的鲜叶原料通过一定程度的渥堆，形成滋味醇和、香气纯正、汤色黄红明亮的品质特征。渥堆时间一般为10天（冬季15天）以上，期间翻堆次数为3次，分别称为“翻头叉”“翻二叉”“翻三叉”，是为防止渥堆过程中温度过高，造成茶叶腐烂变质，同时使渥堆均匀，转色一致。4～5天（冬季6～7天）后“翻二叉”，再过3～4天（冬季4～5天）后“翻三叉”，之后再渥堆2～3天，结束渥堆。在渥堆过程中会产生大量的微生物，康砖渥堆的优势菌为芽孢杆菌属、假丝酵母属、黑曲霉属、青霉属。渥堆时，由于茶堆中的含水量大，空气中湿度大，水分散失少，所以会在茶堆表面出现水蒸气凝结的现象，称“发露水”。这种现象有利于第三次翻堆之前的渥堆，但在第三次翻堆之后如果还有这种现象则会造成茶叶腐烂。所以，“抓露水”是渥堆中的一个重要的技术。最后，通过压制工艺将茶压制成型，采用筑包机筑压，康砖每块砖筑压2～3次，金尖每块砖筑压8～10次。

正是由于南路边茶形成过程中有渥堆这一特殊工序，益生菌的代谢作用贯穿始终，使其具有了特殊的保健功效，具有开胃消滞、生津止渴、祛脂减肥、补肾益寿等作用。

五
宝兴香猪腿

宝兴香猪腿是四川省雅安市宝兴县的著名特产之一，那一片片色红如玫瑰、香味纯正的瘦肉，吃上一片，口中久久留香。

雅安特产宝兴香猪腿的选料极为苛刻，制作工序要求严格：首先从选料上来说，制作香猪腿必须是用在野外放养至75千克左右的毛猪（本地老乡家的猪，都是半野生放养）。宰杀后，取四肢，去皮，剔除肥肉，经特殊腌制后挂于炕房进行烟炕，一般香猪腿都会炕上一年以上才食用，因为猪腿肉厚，炕的时间太短肉不容易干。制成后的香猪腿很容易保管，也耐贮藏。

食用时，洗净煮（蒸）熟，切片装盘即可。宝兴香猪腿是藏族特有的一种腊肉制品，也是宝兴腊肉中的上品（图16-11）。

图 16-11　宝兴香猪腿

六
汉源坛子肉

汉源坛子肉是四川省雅安市汉源县的特产，制作历史已经超过千年。它是选取特定地区养殖的生猪，精心挑选的猪肉，配以传统加工透炸方法，并用汉源土坛来储存而形成的独具地方特色的产品。其风味独特，已成为汉源当地传统的迎春美食和馈赠远方亲朋的佳品，并在雅安、成都等地一直具有较高的知名度，成为雅安名优产品。据传，诗仙李白经过古黎州（即今日的汉源），曾留下“一坛二坛三四坛，五坛六坛七八坛，尝尽天下千般肉，唯有雪山香坛鲜”的佳句赞誉汉源坛子肉。

汉源坛子肉生产工艺流程

原料验收→原料前处理→腌制→清洗→炸制→包装和杀菌→贴标→贮藏→检验出厂→成品

汉源坛子肉生产工艺要点

汉源坛子肉制作流程如图16-12所示。

（1）腌制　猪肉与盐按照100：1.5腌制24小时。

（2）炸制　将沥干的猪肉放入由猪膘炼制的油窝中炸制，温度130～160℃，待猪肉表面变成黄色后，温度降到110～130℃，时间60～80分钟，待猪肉呈现金黄色，且具有浓郁的油炸肉制品香味后，停止加热。

（3）坛装和杀菌　猪肉炸制好后，连肉带油倒入由当地白鳝泥烧制的陶罐中，猪油至淹没肉块为止，加盖密封杀菌。

（4）贮藏　封坛后在温度为10～20℃环境下，存放1～2个月之后在卫生、干燥、阴凉、通风的库房内隔墙离地常温贮存。

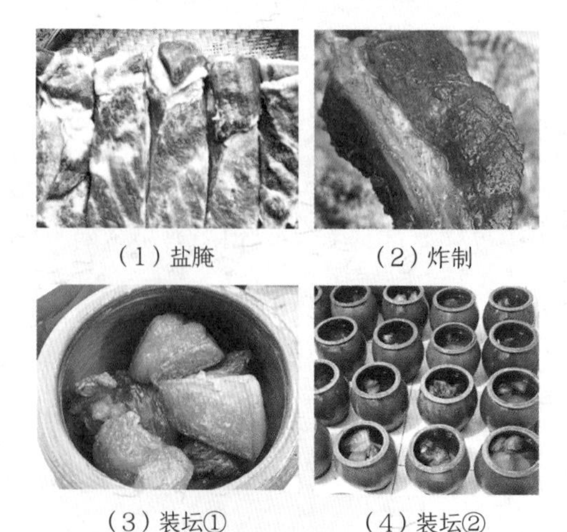

（1）盐腌　（2）炸制　（3）装坛①　（4）装坛②

图16-12　汉源坛子肉制作流程

汉源冬春干旱无严寒、夏秋多雨无酷热的气候环境，使得汉源坛子肉具有存放1年而不变质的特点，这也使得汉源坛子肉表现出优秀的感官特征和质量特征：肉为块状，皮与肉不脱离，整体不松散，表面无焦煳状物和杂质附着，呈微黄或金黄色，色泽基本均匀一致，有光泽；咸淡适中、外酥里嫩、肥而不腻、香糯适口、美味鲜香、食用方便，具有独特浓郁而原始的肉香（图16-13）。

图 16-13 汉源坛子肉

第十七章 伟人故里——广安

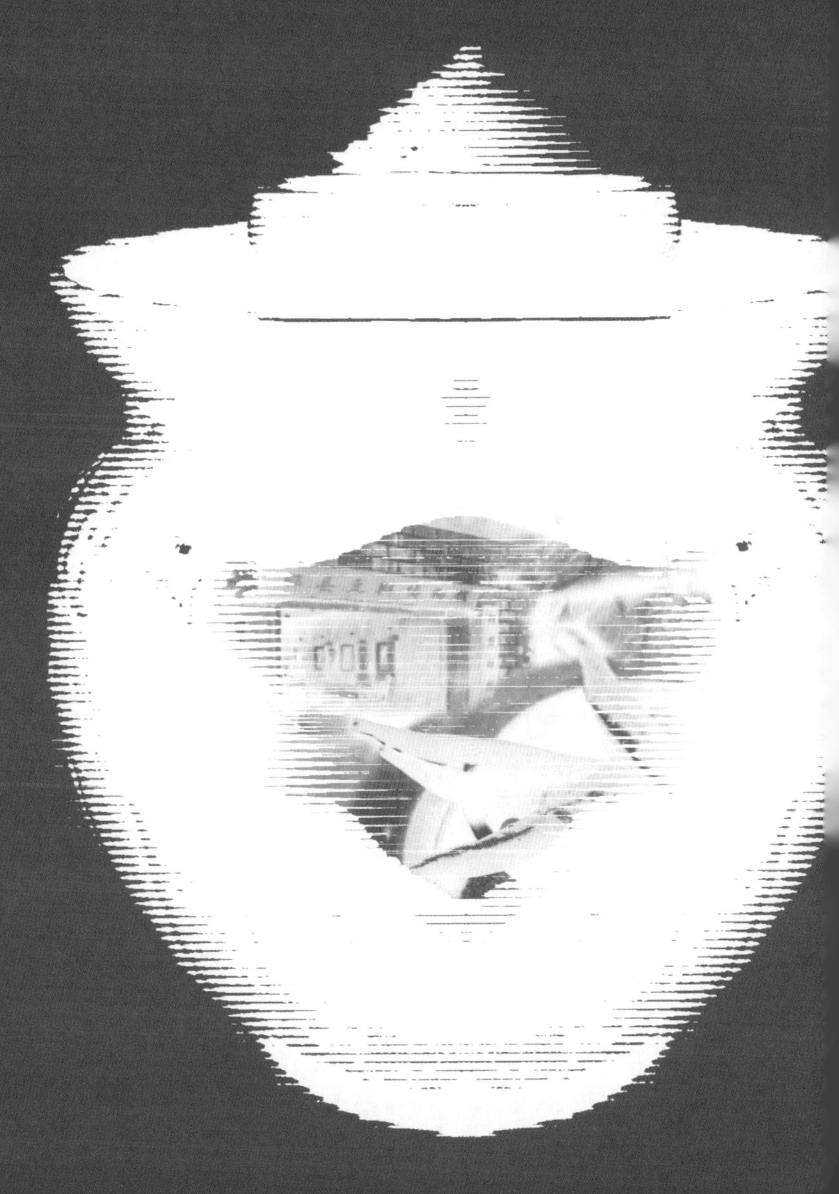

广安又称“賨州”，由两个市辖区、三个县和一个代管县级市组成，是世纪伟人邓小平的故乡。广安地形呈扇形，分布于丘陵和岭谷两种地形间，因区位独特，资源富集受到世界瞩目。

广安美食众多，尤其以小吃为佳，如布依鸡八块、凤馅四喜饺等，不仅口味独特，且具有民族风情，是接待宾客、节日庆典的特色菜肴。此外，其传统发酵食品也各具特色，受到大众的喜爱。

一
岳池特曲酒

岳池位于川东嘉陵江畔与华蓥山脉交汇地带，气候湿润，特产丰饶，自古为酿酒良乡，宋代诗人陆游曾多次赞颂。据记载，陆游冬雪时游丘山，寒气侵骨，疲惫不能行，饮村妇丘嫂之藏酒，顿觉如高山雪莲，冰清亮口，又如舔百蜂之蜜甘甜净爽，即兴赋诗一句：“仙界灵气赐良乡，丘山美酒赛杜康。”

岳池特曲是挖掘宋代“丘嫂酒”配方，以高粱、玉米、小麦、糯米为主要原料，汲取蓥山脉优质泉水，使用百年老窖，采用科学的生产方法精心酿制出的浓香型大曲酒，具有窖香浓郁、幽雅、细腻、醇厚绵甜、清爽甘洌、回味悠长、饮后不上头之独特风格，得到消费者和专家学者的赞同、认可。岳池特曲先后在1995年四川工业产品博览会、中国新技术新产品博览会、四川省第二届巴蜀食品节上三获金奖；并被评为中国文化名酒；1996—1999年连续被评为四川省群众喜爱商品和用户满意产品。

二
西板豆豉

西板豆豉原名“板桥豆豉”，系川东名特产品，产于四川岳池西板。清代光绪年间，阆中陈氏师傅以其祖传配方，在油榨溪与人合伙开办豆豉坊，创办“板桥豆豉”，至今已逾百年。陈氏师傅将其祖传豆豉制作技艺传于西板人，使西板豆豉制作技艺相传至今。新中国成立前，西板豆豉的名声相传较远，一些商贩通过嘉陵江的木船将西板豆豉销往南充、重庆等地，更远者甚至沿着水路运到了上海。在20世纪80年代，西板乡场镇及乡下制作豆豉的作坊便有10余家，特别是在西板场镇，门市、小摊，几乎都有豆豉可卖。当时还流行着一句顺口溜：“走进西板乡，豆豉扑鼻香；只需稍品尝，口水三尺长。”西板豆豉以优质黄豆为原料，配以八角、茴香、甘松、肉桂、山柰、陈皮等十余种中药材，经泡、煮、蒸、晾、发酵等传统工艺酿制而成。其色泽褐黄、软硬适度、味醇化渣。配以荷叶包装（须采集鲜嫩荷叶并经传统工艺处理），使之味美色鲜，清香扑鼻。

西板豆豉生产工艺流程

黄豆→筛选→浸泡→沥干→蒸煮→冷却→接种→制曲→洗豉→拌盐→发酵→成品

西板豆豉生产工艺要点

先将黄豆杂物除尽，用清水泡胀，蒸熟后摊入蚕簸内，放室内通风处制曲，半月后取出加适量米糟、白酒、食盐、花椒面及山柰、八角等五香粉，装入坛内密封，露天储存，一年后启用。若存放三五年，豆豉变成浓郁芳香的豆油，也是上等调料。

西板豆豉利用毛霉、曲霉或者细菌蛋白酶的作用，分解大豆蛋白质，达到一定程度时，再采用加盐、加酒、干燥等方法抑制酶的活力，延缓发酵过程而制成。

由于西板豆豉（图17-1）的制作工艺独特，风味别具一格：色泽黑里泛黄，质地软硬适度，入口化渣，不粘牙，不黏口，且咸淡皆宜，香味浓郁，又含淡淡的酒窖香和黄豆的清香，余味悠长，可当佐料，也可单食，可令人食欲增强。正因如此，西板豆豉在当地受到家家户户的欢迎，每餐饭食必备西板豆豉。

图 17-1　西板豆豉

第十八章

红军之乡——巴中

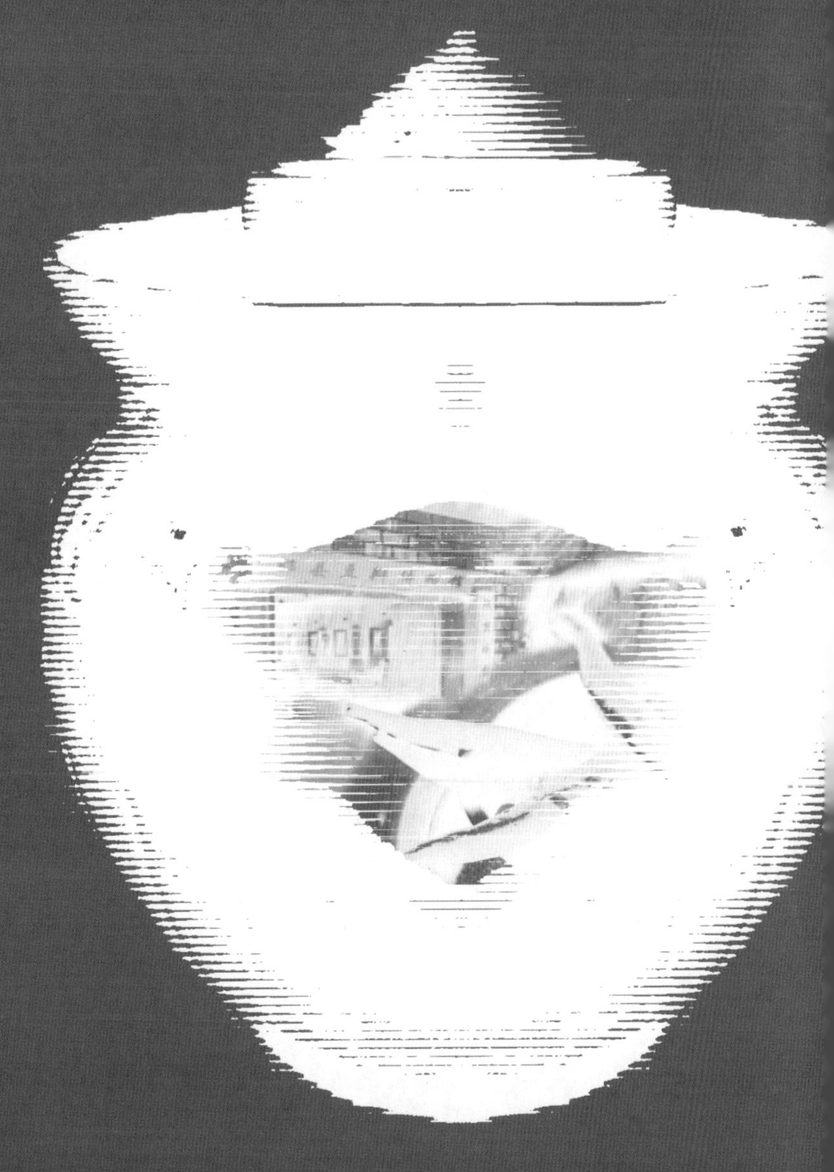

巴中位于四川东北部，是成都、重庆、西安的旅游“金三角”枢纽，由两个市辖区、三个县组成，素有“红军之乡”的称号，有红军烈士陵园、石刻标语群等革命遗迹。

巴中四季分明、雨量充沛、光照适宜、气候舒适，被评为“天然氧吧”，加之巴中文化与汉唐遗存文化紧密结合，造就了巴中灿烂的饮食文化，在琳琅满目的传统食品中，巴中特色发酵食品释放着夺目的光彩。

一
何大妈豆瓣

何大妈口香豆瓣原名文家豆瓣，始创于20世纪20年代，是平昌县著名的地方特产，由创始人何桂珍女士凭借自己独特的调制技术，沿用祖传传统工艺精心酿造而成。

民国元年（1912年），于朝华在一财主家管理库房，因缺乏经验导致蔬菜、豆类食品发酵长出白毛，遭财主斥骂，告其若不能将长毛食品变成可用之物，将被赶出。聪明的于朝华将长了白毛的食物处理后，经晒干、炒制、加调料后，制成了美味可口的豆瓣酱。后于朝华将这一技艺传授给其女姚文清，何桂珍又深得其母姚文清真传，把祖传秘方精心研析后，结合现代工艺技术，辅以20余种佐料精心配制，研发出第三、四、五代口香豆瓣，发展至今深受人们喜爱。

何大妈豆瓣精选优质蚕豆，将蚕豆浸泡破瓣后，加入黄金叶、油樟叶、香叶、南瓜叶等天然绿色植物综合发酵，赋予产品独特的风味及营养价值，经紫外线消毒、灭菌，配以祖传秘方，经自主创新研发后，精心腌制而成。

何大妈豆瓣色、香、味俱佳，勾人食欲、怡人胃口、回味悠长、口感强烈、便于贮藏、保质期长（密封条件下，存放时间越长越珍贵）。适宜于南北西东不同口味消费者食用，既是餐桌上直接伴饭食用的可口佳肴，又是川菜的上乘调色、调味佳品。产品色泽鲜艳、感官喜兴，既是馈赠亲朋好友的最佳礼品，又是居家必备的“开锅”餐佐；既是大、中城市工薪阶层的必备消费品，又丰富了中华饮食文化中的“咸菜文化”内涵。

何大妈豆瓣（图18-1）中辣椒与蚕豆都富含蛋白质、脂肪和碳水化合物和维生素C，还具有开胃、驱湿防寒之效。

图 18-1　何大妈豆瓣

二
江口醇

江口醇酒起源于晚清，自江苏无锡知县、海洲道员廖纶晚年所建“南台酒坊”伊始，距今已有130余年历史，享有“四川第一醇”的美誉，被誉为“第七朵金花”。江口醇采用优质红粮（即高粱）和山泉，辅以大巴山特有的20多种中草药制曲，经独创的“窖中窖”复式发酵工艺生产而成，酒质上乘，浓酱兼香。

2006年“江口”牌江口醇酒被国家商务部认定为首批“中华老字号”产品；2008年“江口醇”商标被国家认定为中国驰名商标；2010年“江口”牌江口醇酒被国家质量监督检验检疫总局批准为国家地理标志保护产品；2009年江口醇传统酿制技艺被列入四川省非物质文化遗产保护名录。

江口醇生产工艺流程

原料处理→制曲→蒸糠→蒸粮→拌料→装甑→蒸粮、蒸酒→分级摘酒→出甑摊糟→拌曲→入窖发酵→起窖堆糟→老熟和陈酿→勾兑调校→包装→成品

江口醇生产工艺要点

江口醇的酿造场景如图18-2所示。

（1）蒸曲

（2）翻曲

图 18-2　江口醇酿造场景

（1）原料处理　江口醇的传统酿制一直以纯小麦为制曲原料，以纯高粱为酿酒原料。原料处理的要点就是净选去除杂质苞壳，粉碎成细小颗粒。

（2）制曲　江口醇传统酿制采用的曲药是砖块式的大曲，是由专门的制曲工人踏制的，其工艺流程如下。

小麦→润水→堆积→磨碎→加水拌和→装入曲模→踩曲→入制曲室培养→翻曲→堆曲→出曲→入库贮藏→成品曲。

踩曲是将拌和均匀的曲面装入木模，由踏曲工踏实。曲块成型后，送入曲房进行自然接种。其间还要经过翻曲、通风、堆曲等操作步骤。

制曲期间，以曲的堆积为主，覆盖严密，以保潮为主。培养期间温度的掌握主要靠翻曲来实现，工艺特点为“多热少凉”。

（3）蒸糠　糠壳是酿酒中采用的优良填充剂，也是调整酸度、水分和淀粉含量的最佳材料，蒸糠的时间不得低于30分钟，为去除杂味，拌料时必须使用熟糠。

（4）蒸粮　将粉碎的高粱润料，进行预蒸。

（5）拌料　江口醇传统酿造方法采用的是混蒸续粮，将发酵酒醅、预蒸后的红粮根据季节的不同按一定比例拌和，在这种混合醅料中，还要配入一定比例的熟糠，使酒醅疏松。拌粮时要矮铲、低翻、快拌、拌散和匀，消灭灰包疙瘩。

（6）装甑　放足冷凝桶内水位，调节火力，将拌好的混合配料装入酒甑，上甑时严格讲究“缓火蒸馏、轻撒匀装、探汽上甑”的原则，装甑时间控制在40分钟左右。

（7）蒸粮、蒸酒　装甑后盖好蒸锅盖，加热，在原料蒸熟的同时，也进行蒸馏，将酒醅中的酒精及其他香气成分蒸馏出来。断尾后，要加大火力蒸粮，以达到糊化粮食和降低入窖酸度的目的，蒸馏时间从流酒到出甑约60分钟，对蒸粮的标准是“内无生心、外不粘连、柔熟不腻”。

（8）分级摘酒　在整个蒸馏过程中，最先蒸馏出来的酒与中间过程或最后蒸馏出来的酒，口味是不相同的。要对蒸馏出来的酒，分级摘取，分别入库。最先蒸馏出来的为“头酒”，最后蒸馏出来的酒为“尾酒”。这两部分酒的口味都不佳，但都有各自的用途。中间过程蒸馏出来的酒可以作为原酒。

（9）出甑摊糟　起甑后置于晾堂，先打量水，后摊凉。打量水温度要在85℃以上，数量准确。量水要洒开泼匀、泼散，使粮糟能保持必要的含水量以促进正常发酵。摊凉是使出甑的糟醅迅速冷却到适合酿酒微生物发酵的入窖温度，并尽可能使糟醅的挥发酸和表面水分大量挥发，摊凉时间不宜过长。糟要求撒满铺齐，甩散无疙瘩，厚薄均匀。

（10）拌曲　经过蒸馏的混合醅料，摊凉到合适的温度后开始拌入酒曲以备糖化发酵。专人拌曲翻糟以调节下曲一致，严格掌握晾糟温度和下曲速度。

（11）入窖发酵　将拌曲后的混合醅料重新装入发酵窖中，然后封窖继续进行糖化和发酵过程。老字号江口醇酒的传统发酵采用上百年的老窖作发酵池，发酵3～9个月。

（12）起窖堆糟　起窖时用木锨将窖皮泥划成小块铲开，除去泥巴上的糟醅，收拢窖皮泥，适当加入曲药、黄水、热酒尾拌匀，强化其活性。堆糟要分层堆料，滴窖时间不少于16小时，勤舀黄水，在滴窖期内有针对性地对每个窖池的黄水母糟进行鉴定，分析母糟发酵情况，确定入窖条件。起窖与堆糟协调一致。经过发酵后的酒醅再次转入混蒸、续料过程。

（13）老熟和陈酿　原酒经检验，确定其等级，还要经过较长时间的贮存，酒的口味才较为柔和。贮酒最好是放在陶坛中，在较低的温度下贮酒效果最好。江口醇沿用土陶缸传统方式，在特定环境下贮藏，贮酒时间分为半年至3年不等，以完成酒品风格的物理转化，使酒质丰腴醇净、诸味协调、余香绵长。

（14）勾兑调校　江口醇历代酒师将勾兑调校视为酿酒的最高工艺，它是富有技巧地将不同酒质的酒品按照一定的比例进行混合调校，在确保酒品总体风格的前提下，以得到整体均匀一致的品种标准的过程，正所谓“勾调派生百法，风情演绎万种”。通过勾调，调制成不同度数、符合消费者不同口感要求的酒品。

（15）包装　将勾调好的酒分装成成品，上市进行销售。

“千年糟，万年窖”，江口醇沿用南台酒坊中的古窖池，其丰富的微生物群落奠定了江口醇的独特风格，江口醇独特的窖泥培菌技艺已成为“传家之宝”（图18-3）。

图18-3　百年窑池

三
巴中腊肉

巴中人每逢冬腊月，家家户户都开始杀年猪，将年猪加工成腊肉，能保存一两年不腐烂。民间还将杀年猪的鲜血与豆腐、糯米加工制成血丸，做待客的风味菜。

早在1800多年前，张鲁称汉宁王，兵败南下走巴中，途经汉中红庙塘时，汉中人用上等腊肉招待过他；又传，清光绪二十六年，慈禧太后携光绪皇帝避难西安，陕南地方官吏曾进贡腊肉御用，慈禧食后，赞不绝口。

巴中腊肉的制作于每年小雪至次年立春前，选择刚杀的年猪肉，用盐浸泡一个月左右，再吊在火塘上用柏桠枝烧火烟熏而成，这种腊肉香味可口。具体做法是：鲜肉用食盐，配以一定比例的花椒、八角、桂皮、丁香等香料，腌入缸中。7～15天后，用棕叶绳索串挂起来，滴干水后，选用柏树枝、甘蔗皮、椿树皮或柴草火慢慢熏烤，然后挂起来用烟火慢慢熏干而成。烟熏或挂于烧柴火的灶头顶上，或吊于烧柴火的烤火炉上空，利用烟火慢慢熏干。西部地区林茂草丰，几乎家家都烧柴草做饭或取暖，是熏制腊肉的有利条件。即使城里人每到冬、腊月，也要在市场上挑选上好的白条肉，或肥或瘦，买上一些，回家如法腌制，熏上几块腊肉，品品腊味。

巴中腊肉生产工艺流程

宰杀→预处理→清洗→备料→腌渍→漂洗→晾晒→熏制→成品

巴中腊肉生产工艺要点

（1）备料　取皮薄、肥瘦适度的鲜肉或冻肉刮去表皮污垢，切成0.8～1千克、厚4～5厘米的标准带肋骨的肉条。如制作无骨腊肉，还要剔除骨头。加工有骨腊肉用适量食盐、花椒。加工无骨腊肉要用食盐、白糖、白酒及酱油、蒸馏水。辅料配制前，将食盐压碎，花椒、八角、桂皮等香料晒干碾细。

（2）腌渍　腌渍有三种方法：①干腌：切好的肉条用干腌料擦抹擦透，按肉面向下顺序放入缸内，最上一层皮面向上。剩余干腌料敷在上层肉条上，腌渍3天翻缸；②湿腌：将无骨腊肉放入腌渍液中腌15～18小时，中间翻缸2次；③混合腌：将肉条用干腌料擦好放入缸内，倒入经灭过菌的陈腌渍液淹没肉条，混合腌渍中食盐用量不超过6%。

（3）熏制　熏制有骨腌肉，熏前必须漂洗和晾干。通常每一百千克肉坯需用木炭8～9千克、木屑12～14千克。将晾好的肉坯挂在熏房内，引燃木屑，关闭熏房门，使熏烟均匀散布，熏房内初温70℃，3～4小时后逐步降低到50～56℃，保持28小时。

巴中腊肉半成品和成品如图18-4所示。腊肉中脂肪、蛋白质、碳水化合物的含量丰富，还含有磷、钾、钠等元素，具有开胃祛寒、消食等功效。

图18-4　巴中腊肉半成品与成品

第十九章

泡菜之乡——眉山

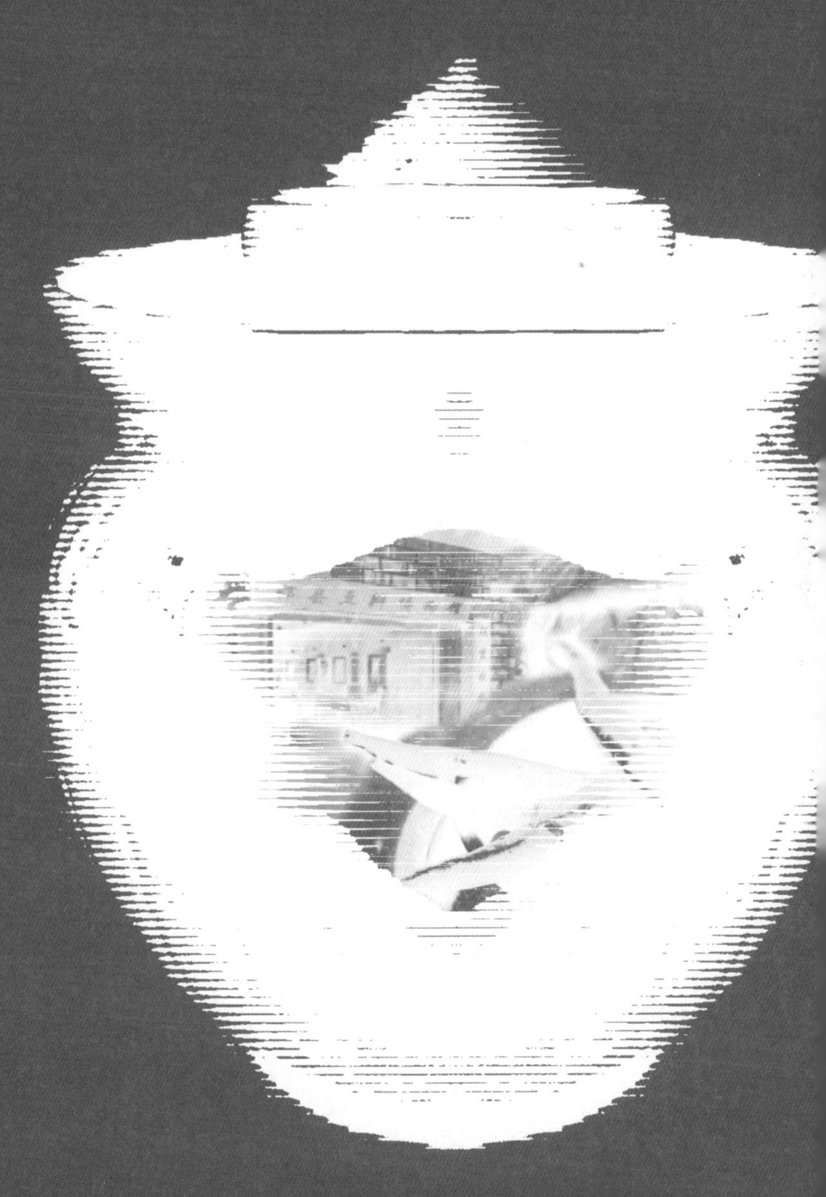

眉山，又称“齐通”，由两个市辖区、四个县和一个市组成。眉山介于岷、峨之间，因眉山得名，是宋代文豪“三苏”——苏洵、苏轼、苏辙三父子的故乡。

眉山位于成都平原西南，地处岷江中游，当地气候温和，夏无酷暑，冬无严寒，适宜无公害的根菜类、白菜类种植。并且，产地采用水肥一体化，合理地控制土壤湿度，有利于蔬菜的生长，是著名的“中国泡菜之乡”。

一
东坡泡菜

相传，眉山著名的东坡泡菜由中国古代第一寿星——商朝大夫彭祖始创，经北宋大文豪苏东坡发扬光大，传世近4000年。当年苏东坡与弟弟苏辙年轻求学时，生活十分清苦，每天几乎吃的是“三白饭”。刘贡父问他何谓“三白”，苏轼回答说，三白就是一碗白饭、一碟盐、一碗白萝卜。有人考证，那碗白萝卜就是一碗泡菜。

二十世纪八十年代，聪明的眉山东坡人，不断总结泡菜这一传统工艺的做法和特点，进行大规模的工厂化生产，使东坡泡菜文化进一步发展和升华，形成了眉山的一个新兴支柱产业。东坡泡菜已入选中国非物质文化遗产保护名录，是国家地理标志保护产品，在美国食品药物管理局注册，拥有“味聚特”“吉香居”“乐宝”“惠通”“川南”“老坛子泡菜”等中国驰名商标。

东坡泡菜保持传统泡渍发酵工艺，具有生态、低盐、香脆、鲜美、爽口的独特风味，有即食类、非即食类泡菜两种。

东坡泡菜生产工艺流程

原辅料验收→原料清整→泡渍发酵→清整切分→脱盐（脱水→脱盐）→调味→真空封袋（盖）→包装→灭菌→成品

东坡泡菜生产工艺要点

（1）泡渍发酵　原料在地域保护范围内泡渍发酵，泡渍用水来自地域保护范围内的水源。通过严格控制泡渍容器内食盐浓度（1%～15%）和水封、沙封等隔离措施，在泡渍容器内自然形成适应东坡泡菜天然乳酸菌发酵的隔氧、适度渗透压环境，蔬菜在缺氧条件下借助于天然附着在蔬菜表面的有益微生物发酵产酸，将pH降低至3.8以下，同时利用食盐的高渗透压，共同抑制其他有害微生物的生长。泡渍温度2～42℃，依据产品品种、发酵温度确定泡渍时间，不低于2天；非即食类泡菜的泡渍时间不低于3个月。

（2）脱盐　采用清水浸泡脱盐，生产加工用水应符合生活饮用水卫生标准要求。浸泡时间控制在10分钟～24小时内，浸泡后的半成品盐度不高于6%。脱盐设备、设施应在每日生产后清洗、消毒，确保不被杂菌污染；根据产品品种、工艺、口味等要求确定是否进行脱盐。

（3）调味　根据需要可选择性添加相应辅料、香辛料、红油等进行调味拌和。

（4）杀菌　采用巴氏杀菌对已封袋（盖）的半成品杀菌，杀菌温度控制在70～98℃，杀菌时间控制在10～80分钟，具体温度和时间按照产品品种、规格及使用的设备、设施来确定，并验证杀菌效果。常温贮存销售的产品应杀菌，冷链贮存销售的产品不需要杀菌。

眉山独有的地理环境和气候条件，富集了有利于东坡泡菜发酵的多种微生物。其中，主导东坡泡菜发酵的有益微生物主要有植物乳杆菌、肠膜明串珠菌、短乳杆菌和发酵乳杆菌。

东坡泡菜具有色泽红润光亮，麻、辣、酸、鲜、甜、香，质地脆嫩，咸淡适口，细韧耐嚼、入口香脆、回味悠长的特点。眉山市于2016年选出了10位东坡泡菜文化遗产传承人，他们是丁茂玉、贺德瑞（四川省吉香居食品有限公司，图19-1）；王候平、王连武（四川省虎将食品有限公司）；王曦（复兴乡）；胡泽树（四川省味聚特食品有限公司，图19-2）；何光明（松江镇）；何艳丽、郑建英（四川李记酱菜调味品有限公司，图19-3）；肖伟毅（太和镇）。

（1）吉香居厂区

（2）吉香居生产设备

（3）自动化生产机械手臂

图 19-1　吉香居厂区概览

（1）味聚特厂区全景图

（2）味聚特生产灌装线

图 19-2　味聚特厂区概览

（1）李记集团厂区

（2）泡菜生产设备

（3）李记集团产品

图 19-3　李记集团厂区概览

二
老坛子泡菜

"老坛子泡菜制作技艺"产生于宋代大文豪苏东坡的老家——四川省眉山市东坡区。其制作技术早在宋代就广为流传，苏东坡在《东坡羹颂并引》中赞美："甘苦尝从极处回，咸酸未必是杨梅。问师此个天真味，根上来么尘山来"。眉山市东坡区何艳平的外婆龚玉珍在传统泡菜制作的基础上，将泡菜坛埋于地下，使其保持恒温，让泡菜更能长久泡渍，且口感脆爽，色泽鲜亮。1965年龚玉珍将此法传给女儿黎春香，黎春香于1988年传给儿子何艳平。何艳平（老坛子泡菜制作技艺非物质文化遗产传承人）于2010年成立四川老坛子食品有限公司。公司成立至今，占地面积80亩，拥有发酵陶坛3000多个（图19-4）。

图 19-4 非物质文化遗产——老坛子泡菜制作技艺

老坛子泡菜生产工艺流程

选采蔬菜→入腌封坛→发酵→捞取、包装→成品

老坛子泡菜生产工艺要点

（1）准备泡器 购置当地传统陶坛，洗净晾干，将坛身埋于地面之下，仅露坛口。

（2）选采蔬菜 当地蔬菜如豇豆、萝卜、生姜、青菜、辣椒等。

（3）入腌封坛　将所备的蔬菜放入土坛，将适量的盐、糖、八角、花椒等配料按传统配方调味入坛，将泡菜母水注入坛中，封盖坛口。

（4）发酵　老坛子泡菜采用反复使用的具有稳定微生物菌群的泡菜母水，在此基础上添加一定的盐，促进母水中乳酸菌发酵、酵母菌生香，在时间及温度的共同作用下，各菌群和谐共生、各展所长，赋予老坛子泡菜独特的风味，形成有别于现代工业发酵的传统特色泡菜产品（图19-5）。

（5）捞取、包装　用干净不沾水的漏勺或用手入坛将泡菜取出，根据需要添加相应的辅料，真空封袋（盖）后包装。全部工序均为手工操作。

有别于现代泡菜工艺使用的发酵池发酵，老坛子泡菜沿用经典，使用传统陶制坛子及泡菜母水进行发酵，独特的发酵工艺及和谐的微生物菌群，使老坛子泡菜具有酸辣可口，鲜香浓郁的特点，可作烹制菜品的佐料，也可作小菜直接食用。

图 19-5　老坛子泡菜发酵车间

三
苏东坡酒

北宋诗人苏东坡嗜美食，其饮酒知名度虽远不及李白、贺知章、刘伶、阮籍等，但却颇具特色，堪称酒德的典范。苏东坡不仅饮酒，还亲自酿酒。他曾以蜜酿酒，写下《蜜酒歌》一诗，并在《东坡志林》中记录过酿造方法。他还酿造过桂酒，写有《桂酒颂》，在序中说：“酿成，而玉色香味超然非世间物也。”在酿酒的同时做记录、写总结，《东坡酒经》仅数百余言，却包含了制曲、用料、用曲、投料、原料出酒率、酿造时间等内容。

苏东坡酒以优质高粱、糯米、小麦为主要原料，采用传统生产工艺生产。其制曲就有13道工艺，踩曲、培育、陈曲为苏东坡酒酒曲“三宝”。经百年老窖发酵，长年陈酿，具有酒体晶莹醇厚，香气悠久，味醇厚，口感清香绵长，各味谐调，恰到好处，酒味全面的独特风格。无论是白酒的香还是味，都来自窖泥微生物的代谢产物（图19–6）。酿酒依靠粮食对微生物的代谢、生长、繁殖起作用，经过长达70天以上的发酵，将粮食原料代谢成酒，再将酒代谢成呈香呈味的物质，这些物质的多少直接决定白酒的品质。

苏东坡酒曾被评为四川省优秀旅游产品、眉山市知名旅游产品和眉山市最受群众喜爱的十大旅游商品、“东坡国际文化节”唯一指定接待用酒、眉山市市酒和市政府接待用酒。苏东坡酒现已成为名副其实的眉山新名片（图19–7）。

图 19-6　苏东坡酒陈酿车间

图 19-7　苏东坡酒

四
高庙白酒

高庙白酒是四川省眉山市洪雅县高庙古镇的著名特产，是利用得天独厚的自然环境、文物级的窖池和手工酿酒作坊，引纯净山泉，精选优质高粱，通过科学独特的传统工艺精心酿制、贮存、勾兑而成的纯天然有机食品。

高庙古镇人豪爽侠义，历来喜欢喝酒，因此也催生了古镇白酒酿造业的持续发展。古镇坐落在峨眉山、瓦屋山两山之间的大山深处，背后是海拔2000米云缭雾绕的高山，山林深处，悬岩峭壁下有清泉喷涌，终年不断。天然泉水甘甜而味纯，至今无现代工业排放污染水质，成为大自然赐予高庙白酒厂的独有酿酒水源。诗曰："瓦屋寒堆春后雪，峨眉半山高庙酒"。帝师曾璧光畅饮高庙白酒后，感其酿造用水取自花溪之源，欣然题词"花溪源"，后人将其刻于花溪源畔巨石之上。"花溪源"不仅是高庙古镇的十大景点之一，更是高庙古镇酒业有限公司旗下一个具有深厚历史文化积淀的品牌。诗曰："花溪源水酿玉浆，东坡豪饮酹千觞；瓦山春酒宴归客，醉煞玉屏万木香"。

高庙古镇酒业有限公司独有高庙白酒唯一建造最早、连续使用酿酒并完好保存的老窖池，其窖池和酿酒作坊已被列入洪雅县文物保护单位。正是因为这独有的文物级古窖和手工酿酒作坊，才有了高庙古镇酒业独一无二的高庙白酒品质，也确立了高庙古镇酒业"高庙白酒第一窖"的地位。公司出品的"瓦山春""花溪源""高庙白酒第一窖"系列高庙白酒，有"小五粮液"的美誉，被认定为眉山市知名商标，洪雅县委、县人民政府接待用酒，洪雅县十大特色旅游商品等诸多荣誉。

瓦山春酒是高庙白酒的鼻祖，瓦山春酒厂前身是高庙古镇禹王宫内的酿酒作坊，始创于民国17年（1928年），距今已90余年。

高庙白酒（图19-8）使用本地土法烧制的陶土罐，按照土法，将酒罐深埋入地下一米多，在土中进行陈酿。酒坛半掩半露在地面，酒窖的窖泥，用本地特殊黏土制作而成，且历史悠久。

图 19-8　高庙白酒

五
彭祖黄金酒

彭山彭祖酒是眉山市彭山县的著名特产，传承彭祖千年养生文化、弘扬科学保养观和生活方式，是流行的的养生保健酒之一。

彭祖有“中华酒仙”的雅号。其归隐彭山后，常在彭祖山采集天然中草药，研制配方，取天然山泉水，法于天地，调于阴阳，合于术数，采用独特的阴阳平衡浸渍法（今双浸法），自酿保养酒。坚持每日小饮，调补机体，使人体达至平衡。故彭祖虽逾百岁，仍童颜鹤发，身体康健。其酿酒秘方和阴阳双浸制酒工艺，经其家传作坊，流传至今。清末民初，彭山地区已有众多的私人酿酒小作坊，这些酿酒作坊沿袭祖传技艺，代代相传，到新中国成立初期形成以钟治明、沈良成等为代表的六家比较有规模的私人酿酒作坊。1956年国家实行公私合营，在这六家私人酿酒作坊基础上组建起地方国营彭山县酒厂，2000年企业改制为四川八百寿酒业有限公司。这些从祖辈传下来的百年酿酒老窖池，一直使用至今，延续着一百多年的酿酒历史和文化。“彭祖黄金酒”因其独特的养生文化内涵和出众品质、精美而优质的包装设计备受青睐，不仅被四川省食品工业协会评为“2011年四川省白酒业创新产品”，在中国国际旅游商品博览会上，还被四川展团评为“特色旅游商品”金奖。

彭祖黄金酒生产工艺流程

原料预处理→配料→混蒸→固态发酵→摘酒→分级贮藏→成品

彭祖黄金酒选用八百寿百年老窖酿造的优质陈年老酒，加入从以黄精为主的中药材中提取的有效成分，并加入食品级24K黄金金箔，精心调制而成。

目前“彭祖”“八百寿”牌系列产品以浓香型大曲酒为主，沿用浓香型白酒传统工艺结合现代酿酒新技术，以优质高粱、大米、小麦、糯米为原料，酿造八百寿百年老窖优质陈年老酒。产品具有“窖香浓郁、陈香幽雅、醇和绵甜，香味谐调，余味净爽，风格突出”的独特风格。

八百寿养身白酒在保持传统浓香型白酒色、香、味的前提下，融合了人体所需的多种健康元素，产品口感柔和、醉酒度低。彭祖黄金酒中的黄精主要功效成分为多糖、皂苷、黄酮等，具有清除自由基、降低过氧化脂质含量、提高过氧化物酶活力、抑制B型单胺氧化酶（MAO-B）活力、增强机体的主动自我调节能力等方面的作用。将黄精等药食两用的中药材活性成分融入优质浓香型白酒而成的八百寿养身白酒，是彭祖长寿养生文化与八百寿酒的完美融合（图19-9）。

图 19-9　彭祖黄金酒窖藏中心

六
干巴牛肉

干巴牛肉是眉山汪洋镇的土特名产，已有二百多年历史，始创于清乾隆年间，是清朝宫廷贡品。相传乾隆帝下江南微服私访，路经一小店（四川方言“吆店子”），突然雷鸣闪电，天降大雨，乾隆只好进店避雨。店主石氏夫妇端出“干巴牛肉”于桌上佐餐，闻香扑鼻，乾隆一见食欲大增，尝后麻辣爽口，回味香甜，吃后汗流浃背，飘飘如仙，龙颜大悦。雨过天晴，乾隆信步出外，仰天赞曰：“雷雨阻驾吆店子，石翁捧出牛干巴，食进方寸瑶池味，不枉江南走一春，有朝再来吆店子，一斤黄金换一斤。”乾隆回宫后赐名“干巴牛肉”。

清末民初，灾难战乱，石氏后代流亡汪家场（今汪洋镇）定居，生一女同清河源老板张氏通婚，从此干巴牛肉技艺代代相传。它按照严格的标准选取优质鲜牛肉经过腌、烤、炒数道工序制成麻辣牛肉干，油润泛红、条粒成型、食香化渣、麻辣爽口，集南北风味，老少皆宜，具有芬香浓郁，纯正醇厚，余味悠长之独特风格。

经过不断的发展，汪洋干巴牛肉厂从一个小小的家庭作坊，扩展成了当今眉山市规模最大的牛肉食品厂。“汪洋”牌干巴牛肉于2006年获得国家质量售后安全认证，这在眉山市干巴牛肉行业中也是第一家。汪洋干巴牛肉有麻辣和五香两种。食物为纯天然绿色食品，并且获得国家安全质量认证。现今汪洋镇专业制作干巴牛肉的商家，多达十数家。张二心、王氏、姚氏、黄氏干巴牛肉，是当地最为熟知的特产商家。汪洋镇干巴牛肉因其小众和小规模化生产，故其特色风味保存较为完整，且制作工艺也较为传统。

干巴牛肉生产工艺流程

原料预处理→称重→切条→拌料混匀→揉搓→入坛压实→腌制→低温自然发酵→出坛晾晒→堆码挤压→风干→贮藏→成品

干巴牛肉生产工艺要点

（1）原料肉的选择、整理　挑选肉色深红、纤维较长、脂肪筋膜较少、光泽有弹性、气味正常、外表微干、不粘手、呈“大理石花纹”且符合国家食品卫生标准的牛后腿精瘦肉为原料，顺肌肉纹路将原料肉大块割下，剔除筋膜、脂肪，洗净血水，切分为肉条（12×4厘米），条形应整齐、厚薄均匀。修整后存放温度控制在0～4℃，存放时间不超过4小时。

（2）拌料　按一定比例将食盐、白糖、味精、异抗坏血酸钠、香料等加入到肉中混合，反复搓揉腌制料至肉块表面湿润变软，重复2～3次。

（3）发酵　发酵时应注意隔绝空气，避免光照，在低温（15℃左右）进行自然发酵（发酵与干腌同步进行）4天。

（4）烘烤　将腌制好的肉条悬挂、自然晾晒，保持干燥的均匀性。待肉条干燥结束后置于干净卫生的地方进行晾凉。

（5）包装灭菌　待晾干至水分含量为50%时，将干巴牛肉肉条冷却后进行真空包装，之后进行杀菌处理。

干巴牛肉（图19-10）生产历史悠久，深受大众喜爱，1997年，荣获中国“新技术新产品交易博览会”金奖；2004年、2008年被评为“眉山知名旅游产品”；荣获2007年首届“四川优质旅游商品”品牌称号；2009荣获“四川老字号”称号及“眉山十大知名旅游产品”称号；2010年作为“四川名优特色产品”参加上海世博会；同时入选眉山市非物质文化遗产名录，是四川省名优特色产品。

图 19-10　干巴牛肉

第二十章 阿坝藏族羌族自治州

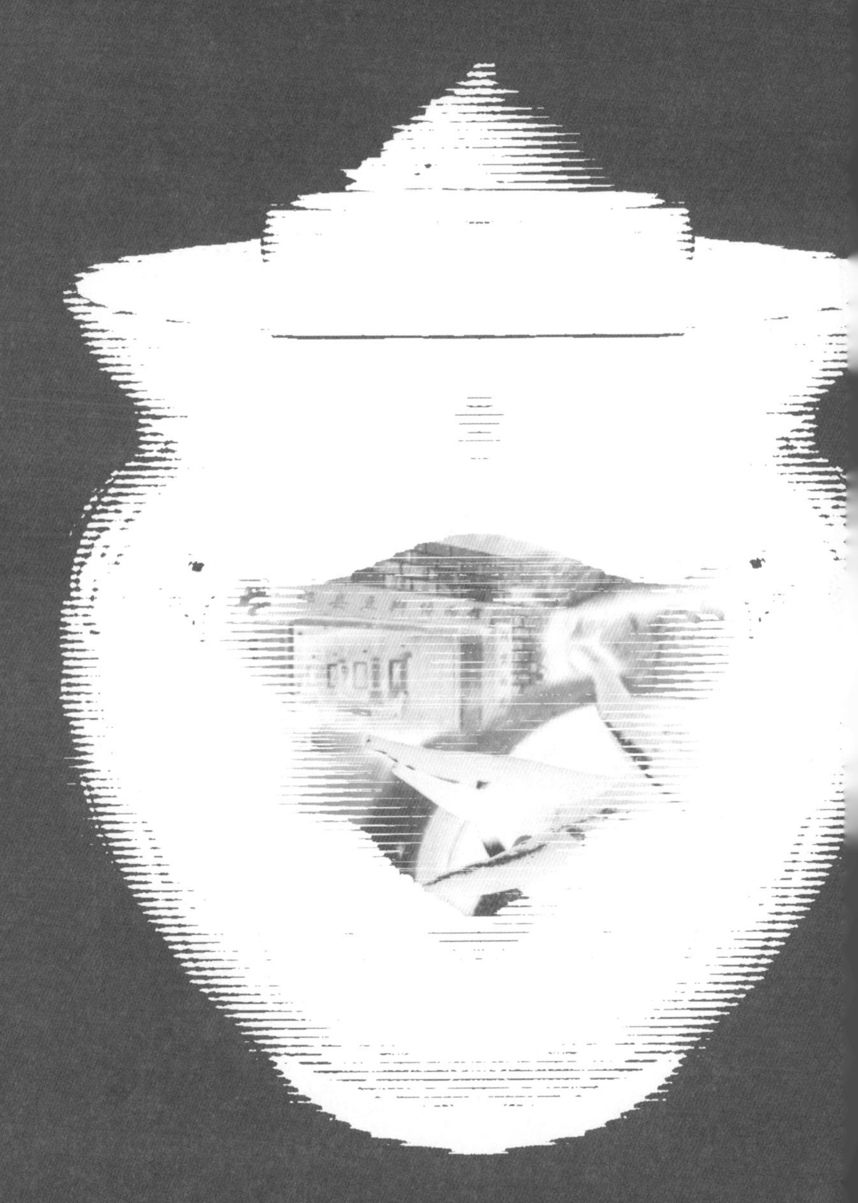

阿坝藏族羌族自治州，是四川省辖自治州，由一个县级市、十二个县组成，呈典型高原地形，境内有九寨沟、四姑娘山等世界级旅游风景区，藏族居民占比58.7%，羌族居民占比18.5%。

阿坝藏族羌族自治州的藏族人民受到印度佛教先期文化的影响，从民俗到信仰，均有象雄文化的影子，对饮食习惯的影响较大，阿坝藏族人民以青稞、酥油茶为主食，酸菜是最常用的菜肴。阿坝羌族人民喜自酿酒，以咂酒为特色。鲜明的民族特色为阿坝传统发酵食品带来了多样化的特点。

一
九寨酸菜

九寨酸菜是四川省阿坝州九寨沟县的特产。酸菜在九寨沟家喻户晓，户户家中有，人人爱吃。在九寨沟，尤其是藏族同胞，几乎人人都会做酸菜，而且做得很好。在九寨沟尤其到藏家做客时，主人家一般都请你吃酸菜汤，因为它既方便又省时，若在红白喜事时丰盛的席上，最后上桌的一定是酸菜汤。

人们一般在春暖花开时开始制作酸菜，酸菜的主要原料是蔬菜（大白菜、大头菜、拉拉菜等），将蔬菜剁成碎块放入大锅里，倒些水将蔬菜淹没，再按蔬菜的比例放些玉米面粉一同煮，将蔬菜煮至三分熟后取出冷却，然后装入坛子或者木头里，再加些冷水，密封好放在阴凉处，大约一星期就成了可口劲脆的酸菜了。

酸菜不仅是九寨沟人人爱吃的美食，也有调节口味，增强食欲，增强体液循环，促进排汗的作用，许多人吃了热酸菜汤以后，有的红光满面，有的汗流浃背，可以预防感冒；还有增强胃酸的分泌，帮助消化，以及醒酒、护肝等作用。

二
羌族咂酒

咂酒是羌族人民自酿的一种原生态传统特色饮料，也算是一种宴酒，古称“打甏”。它不仅是酒，而且是一种饮酒习俗。“咂”即吸吮的意思，“咂酒”指借助一种竹管、藤枝或芦苇秆等管状物把酒从器皿中吸入杯或碗中饮用或直接吸入口中。清嘉庆李宗昉《黔记》载：“咂酒，名重阳酒，以九月贮米于瓮而成，他日味劣。以草塞瓶颈，临饮注水平口，以通节小竹，插草内吸亡，视水容若干，征饮量。”从此可见其饮法颇有情趣和特色。

咂酒以青稞、大麦、高粱为原料，煮熟后拌上酒曲放入坛内，以草覆盖酿成。饮时，先向坛中注入开水或清水，再用细竹管吸饮。亲朋贵客来后，大家轮流吸饮，吸完再添水，直到味淡后，再食酒渣，俗称“连渣带水，一醉二饱。”饮咂酒时要唱酒歌，唱时，宾主并排而坐，轮流对唱，同时鼓乐齐鸣，热闹非凡（图20-1）。

咂酒是粮食酒，酒含于粮食酒料之中，须加水稀释后方可饮用。喝咂酒不能只顾喝，而要边喝边掺开水，加水的目的就是通过开水的温度使谷物颗粒内的酒精成分充分浸出。倒进去的水浮在上面，经过浸泡后的酒沉坛底，而竹管是直插坛底。咂酒味美香醇、富含营养，比白酒温和，微酸，有解渴止饥、除乏驱寒、祛暑消食的功能。

图 20-1 饮咂酒

三
和尚包子

和尚包子馅种类繁多、颇具特色，因寺院里的和尚爱做这种包子，所以人们称它为“和尚”包子。

和尚包子有牦牛肉馅，素包子有人参果馅、酥油糌粑馅、杂菌馅、蕨苔馅、芫根馅，混合型包子有猪肉蘑菇馅、猪肉木耳馅、猪肉白菜馅、猪肉韭菜馅。和尚包子的形状千姿百态，樱桃嘴包子是较常见的一种，这种形状的包子不但容易制作，而且大方好看。

和尚包子大小和小笼包子差不多，特点是包子内有汤，包子皮为死面。食用包子时，须注意的是咬开一个口子后，小心别让味鲜质优的“包子汤”白白地流走。正确的方式是，拿起一个包子，先小心地在其上咬出一个小洞，然后嘬起嘴，将里面的“汤”啜饮完，再食用包子（图20-2）。

图 20-2　和尚包子

四
摩西老腊肉

摩西老腊肉是海螺沟土特产，以当地农民饲养的猪作为原料，将猪肉切条烟熏或挂在房梁上自然风干，存放半年便成了老腊肉。久放的腊肉在纯净空气和湿润的环境下，瘦肉红润、鲜香，膘肥不腻。摩西老腊肉中脂肪、蛋白质、碳水化合物的含量丰富，还含有磷、钾、钠等元素，具有开胃祛寒、消食等功效。

第二十一章

甘孜藏族自治州

甘孜藏族自治州简称甘孜州，由一个县级市、十七个县组成，是以藏族人民为主体的地级行政区。

甘孜州是中国第二大藏区，康巴的核心区，蕴含了深厚多彩的康巴文化，包含嘉绒文化、茶马古道等民俗文化。甘孜的生态环境决定其饮食方式，以牛羊肉为主要肉食，常吃蒸馍、肉包和挂面，此外还喜饮茶吃酒，食材丰富，特色突出。

一 巴塘醋海椒

醋海椒藏语称“斯醋”，是四川省甘孜州巴塘县的特产，主要是用巴塘南区海椒泡制而成。巴塘醋海椒具有酸、辣、香、甜、麻及色香味俱全的特点，内含人体所需多种维生素和矿物质，口感好，具有开胃、健脾、美容之功效，是平常人家佐餐的小菜和野外用餐的佳肴。

醋海椒的做法很简单，首先将新鲜海椒洗净，置于阴凉处沥干水分，用牙签扎几个眼便于入味；酱油和醋按各人口味调制好。酱醋汁在旺火上烧开又冷却，倒进密封好的罐子或坛子里，放入海椒、捣细的冰糖或红糖、花椒、蒜若干，把口封牢实，两周以后就能食用。餐桌上的醋海椒，色泽呈酱绿色，酸辣爽口，是巴塘人吃面、下饭、就馒头的一道好菜（图21-1）。

图 21-1 巴塘醋海椒

二
炉霍青稞酒

青稞酒，藏语称作“羌”，是用西藏本地出产的青稞制成的，它是藏族人民最喜欢喝的酒，逢年过节、结婚、生孩子、迎送亲友，必不可少。

青稞酒的酿造首先把青稞洗净，将淘洗好的青稞倒入锅中，放入多于青稞容量三分之二的水煮。当锅中的水已被青稞吸收完了，用木棍上下翻动青稞，以便锅中的青稞全部熟透，等到八成熟时，取出，凉上30分钟左右的时间，趁青稞温热时，摊开在已铺好的干净布上，然后在上面撒匀酒曲。撒曲时，如果青稞太烫，则会使青稞酒变苦；如果太凉了，青稞就发酵不好。撒完酒曲后，再把青稞装在锅里，保温发酵。在夏天，两夜之后就发酵完成，冬天则三天以后才发酵完成。如果温度适宜，一般只过一夜就会闻到酒味儿。发酵好的青稞装入过滤青稞酒的陶制容器中，如果要马上用酒，就要加水，等泡4小时后就可以过滤；如果不急用，就把锅口和滤嘴封起来，需要时再加水过滤。头一锅水应加到比发酵青稞高两寸左右的位置，第二、第三锅水应加到与发酵青稞一样高。炉霍青稞酒是甘孜州炉霍县特产，具有清香醇厚、绵甜爽净，饮后头不痛、口不渴的独特风格（图21–2）。

藏族人民在敬酒、喝酒时也有不少规矩。在逢年过节等喜庆日子饮酒时，如有条件，应采用银制的酒壶、酒杯。此外应在壶嘴上和杯口边上沾一小点酥油，这是“嘎尔坚”，意思是洁白的装饰。主人向客人敬头一杯酒时，客人应端起杯子，用右手无名指尖沾上一点青稞酒，对空弹酒。同样的动作做完三下之后，主人就向

图 21-2 炉霍青稞酒

你敬“三口一杯”酒，“三口一杯”是连续喝三口，每喝一口，主人就给你添上一次酒，当添完第三次酒时客人就要把这杯酒喝干。另外，主人招待完饭菜之后，要给每个客人逐个敬一大碗酒，只要是能喝酒的客人都不能谢绝喝这碗酒，否则，主人会罚你两大碗。饭后饮的这杯酒，称作“饭后银碗酒”。按理说，敬这碗酒时，应该需要一个银制的大酒碗，但一般也可用漂亮的大瓷碗代替。

唱祝酒歌也是藏族人民最有意义的习俗之一。藏族有一句笑话：“喝酒不唱祝酒歌，便是驴子喝水。”谁来敬酒，谁就唱歌。大家常爱唱的歌词大意是：“今天我们欢聚一堂，但愿我们长久相聚。团结起来的人们呀，祝愿大家消病免灾！”祝酒歌词也可由敬酒的人随兴编唱，唱完祝酒歌，喝酒的人必须一饮而尽。

三
嘉绒藏区民间酿制酒

嘉绒藏族人民自家酿制土酒的习俗已经有千年的历史，酿制的青稞酒风味独特；他们酿酒所需的原料都取材于当地种植的谷物，一般为玉米、青稞、小麦，其中青稞是最好的酿酒原料，酿出的酒味甘醇，因此一般把藏族酿的酒都称为“青稞酒”。

其酿制方法是：首先选料当年的青稞为好，保证酒的口感和质量。在冷水中清洗原料，去处杂物后，倒入大锅中煮到可以食用为止，再把煮好的原料进行脱水冷却，加入藏民特制的酵母（主要成分为每年盛夏季节到当地山上采集的一种花草“吾俄基麦朵”）。原料放入土陶罐中用毛绒衣物盖好或用毡制品包好，让酒料在一定的温度下发酵。在特制的坛子中稍加些水继续发酵几个月。又把土陶罐置于灶或三脚架上，把发酵好的原料倒进锅里，放上木制的无底无盖的圆甑子，甑子中有一棍，有一圆盘，一头挖有槽直伸蒸子外方木，方木的槽口用一个坛子接酒。蒸子上再放一口锅，锅内放冷水，冬天放冰块，使锅一直保持低温，锅底持续烧大火，使原料不断地发出蒸汽，蒸汽遇到冷锅变成水滴滴到槽里，经槽流出滴到酒坛子里，这种青稞白酒嘉绒语称“阿热和”。

除了“阿热和”（青稞白酒）以外，嘉绒藏区比较盛兴的酒类有发酵进入坛子后，不再进行加工酿出的黄酒，嘉绒语称“卡机”；另外一种酒是发酵后一直装在坛子中通过竹管吸饮的“咂酒”，嘉绒语称“卡木达”。嘉绒藏族酿酒的技术很出名，近代以来康区酿酒史记中较常见，如《西康图经·民俗篇》中对嘉绒藏区酿酒工序有着详细的记载。他们在长期的酿酒实践过程中，融入了民族特色、地区特点，能更好地适应当地的地理自然条件和民俗习惯。

嘉绒藏族具有丰富的酒文化，在嘉绒人看来，自酿酒是一种可舒筋活血、解除疲劳的保健品；也是一种可治腹泻、蚊虫叮咬，祛毒消肿的药；同时，酒是祭神祭祖、迎送客人、待人接物的礼品。因此，自酿酒在嘉绒藏区人们的生活中占有独特的地位。

四
丹巴香猪腿

香猪腿，嘉绒语称“巴阿米”，是丹巴的土特产品之一，以丹巴当地的纯种藏猪为原料（图21-3）。藏猪通体呈黑色、个体小、皮厚、长年敞放觅食野草，待秋收后喂食玉米等无任何污染的天然饲料，因而肉紧、膘少，膘中夹杂条状瘦肉。

香猪腿的做法工艺复杂，非常特别，很有讲究。大体上是将猪宰杀后，取猪的四条腿，去蹄

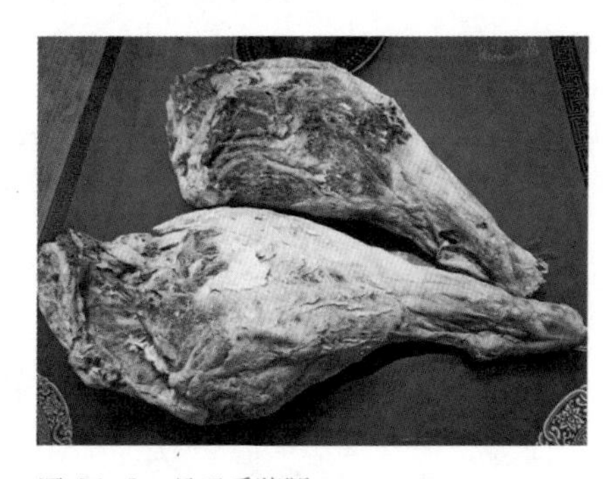
图 21-3　丹巴香猪腿

剥皮，把腿上的肥肉剔干净，然后将猪的附骨精瘦肉整形为厚薄相宜、形状独特的椭圆形或葫芦形扁平肉块，抹上食盐、芝麻、花椒面以及少量的辣椒面，悬挂于阴凉干燥处风干则大功告成。丹巴海拔在2500米以上，昼夜温差10～15℃，晚间“香猪腿”自然霜冻，白天解冻，阴凉通风条件好，脱水达到95%以上，形成了香猪腿独特的风味。

丹巴境内各个地方风俗不同，香猪腿的做法也不尽相同。半扇门、太平桥、格什扎、边耳、丹东、巴旺、聂呷一带做捆香猪腿，巴底、梭坡、中路一带为了晾晒方便，把猪腿的瘦肉片去一部分，梭坡、中路一带把猪腿瘦肉厚的地方片开，但不割下来，然后在瘦肉的边沿上用木棒穿成环型状晾晒，看似罗盘。

食用前将香猪腿煮成半熟或用炭火将表皮烘烤，切成小块状或撕成粉丝状，形奇、香浓、色艳、味鲜。

五
奶渣包子

奶渣包子是藏族的特色小吃，用牦牛肉或羊肉做馅（图21-4），拌入新鲜奶渣，再加盐、松茸、酥油等佐料，用发酵好的面团包成包子的模样，蒸熟食用（图21-5）。

奶渣是从牦牛奶中提制而成，把牛奶打制分离出酥油以后，剩下奶

图 21-4　奶渣包子的包馅

图 21-5　奶渣包子

水加入白醋或发酵剂放置一段时间，再用火煮沸后冷却即成酸奶水，将它倒入竹制斗形滤水器中留下的即是奶渣。新鲜的奶渣酸酸的，白白的，可以用来做馅，奶渣包子由此而来。奶渣既有奶的芳香气味，也有奶制品发酵后独有的甜中带酸的味道。奶渣在其制作的过程中因制作的方式方法不同，会有不同的口味出现，有的微酸，有的微甜。所以奶渣也有酸奶渣、甜奶渣之分。

奶渣中富含蛋白质、矿物质、乳糖、酶及多种维生素。最值得注意的是，牛奶中的钙质、铁、磷等营养精华都保留在奶渣里。奶渣中的矿物质有助于形成及强化骨骼；B族维生素可预防动脉粥样硬化；低脂且低热量的奶渣更是许多减重者的选择。奶渣中的乳酸菌也可提高胃肠道的活性，促进正常排便。

六
巴塘团结包

团结包流行于四川藏族地区，有几百年的历史了。它原来不称为“团结包”，而称“蒸肉”，名称的改变有一段意义深远的来历。

1950年，中国人民解放军进军藏区，所到之处，纪律严明，秋毫无犯，老百姓称他们为“金珠玛”。为了表达对“金珠玛”的深情厚谊，就蒸制“蒸肉”来款待。但是，家用的笼屉小，蒸出的数量有限，就到喇嘛庙借来大笼屉，一屉就够一排人食用。军民共食蒸肉，畅叙友情，洋溢着军民团结和民族团结的欢快气氛。为了纪念这次难忘的会见，大家就把“蒸肉”改称为“团结包”。

巴塘团结包主要是以小麦面粉、玉米面、牛肉或猪五花肉、土豆（小白菜也可）为原料，再辅以葱、姜、香油、味精、酱油、精盐制作而成。团结包的特点在于它的形状（图21–6），其制作是将发面淤成大于笼屉面积一倍的圆形，在笼屉中央放一个直径5～6厘米的杯子。将淤成的面平整地放在中央杯子突出处，面片上放拌好的馅，在杯子突出处，戳一个小洞，使蒸时便于通气，将四周多余的面片按笼屉大小折捏在一起，成了个中间有孔的大面饼。

它外形别致，似包非包，似饼非饼，可大可小，小的一个可供五口之家一顿食用，大的一个可供一排人果腹。主食副食兼有，味道鲜香、油而不腻。每逢过年过节或者亲友团聚，常常蒸制这种团结包，以示庆贺。

图 21-6　巴塘团结包

七
丹巴猪膘

猪膘，嘉绒语称“大古儿”，与香猪腿一样，是丹巴的土特产之一。丹巴猪膘是普米族、纳西族等族的食物。丹巴猪膘是将宰杀后的生猪去内脏、剔除骨头，把盐和花椒撒在腹腔内，将猪缝合，风腌成完整的腊猪，外形颇似琵琶，故又称“琵琶肉”。

清《滇南闻见录》中有“丽江有琵琶猪，其色甚奇，煮而食之，颇似杭州之加香肉”的记载。猪膘肉色、香、味俱佳，是待客、馈赠的佳品。当地人将猪宰杀后将猪肚剖开，将内脏取出，然后就将猪背朝下肚朝上铺着，用刀将骨和瘦肉从猪体内剔出，这一道工序比较复杂，几乎将瘦肉和骨剔干净，但是只有猪头不经过这道工序，保存完整，在猪头上抹盐并加上调味品，这是一道重要的工序，抹盐时要均匀，一般配料要用盐、花椒、大蒜、生姜，有时还加上酥油和蜂蜜。调料涂抹均匀后就是缝制，即将剔好、抹好调料的猪膘肉用大铁针和麻绳将其缝合，缝的部位主要在猪肚、猪脚，缝的针眼约一寸长，缝时不仅需要技巧还需要力气，所以一般都是由男子来完成的。缝好以后就进入下一道工序——晾晒，将猪膘肉放置在太阳下晒上几天或是阴干，将猪肉的水分晾干，至此猪膘肉基本做成（图21-7）。将它搬进屋里，搁在家里的神柜或灶台上，一个挨着一个，或叠放堆码，随着放置时间的延长，空气中的微生物逐渐发挥作用，分解猪膘中的蛋白质生成氨基酸，赋予丹巴猪膘独特的风味。小金沟一带有用猪膘做“墩子肉”（又称“坨坨肉”）的习俗，“墩子肉”是“九大碗”中的主菜，其做法是把猪膘切成块，放上佐料，用文火炖煮，然后一碗一碗舀上桌食用，“墩子肉”炖的时间越长就越香。还有一些地方把猪膘煮熟切成片就着馒头食用。

图 21-7　丹巴猪膘的晾晒

丹巴猪膘的保存时间很长，短的一年至三年，长的甚至放置八九年，不少猪膘肉都在经历了数个春秋以后仍保存完好，不会变质。到泸沽湖边的摩梭人家作客，主人经常会用贮藏已久的猪膘肉待客，这些猪膘肉经过了好几个年头，表面布满烟尘，呈深褐色，有一种沧桑感。但烹制好后味道很好，无异味，可正常食用，很神奇。这大概取决于当地的地理位置——外围有高原湖泊，气候寒冷、空气干燥，加上制作的工序讲究，所以猪膘肉能安全保存很长时间。

猪膘肉是摩梭人贮藏的肉食品，也是家庭富裕的象征，平时想吃的时候就割下一块，如果家里有客人，也要用这猪膘肉招待客人。猪膘肉的吃法非常多，可煮、可炒、可蒸，膘肉看似肥腻，吃起来却很爽口，味醇香，口感很好。除了日常食用外，猪膘肉常用于祭祀，也用于置办宴席。

马湖

第二十二章

凉山彝族自治州

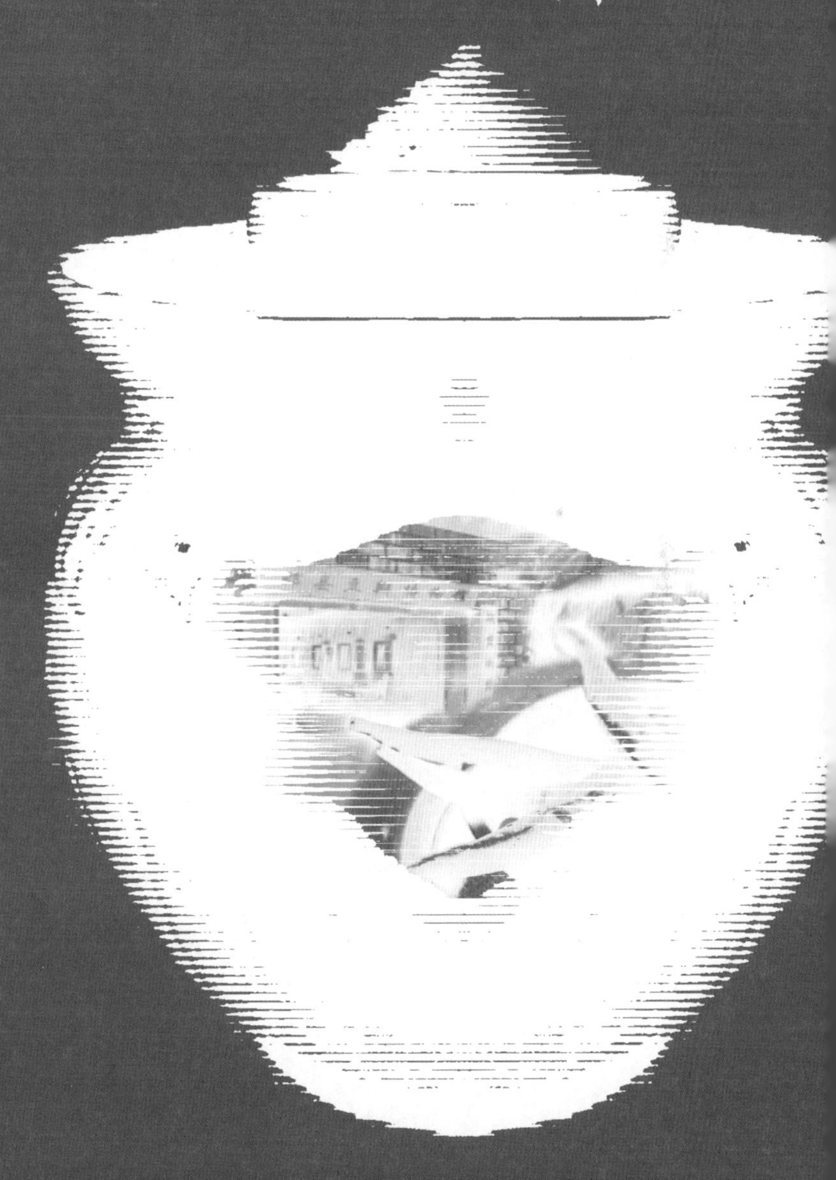

凉山彝族自治州，简称“凉山州”，位于四川省西南部，由一个县级市、十五个县及一个自治县组成，自古以来是通往云南和东南亚的重要通道、“南方丝绸之路”的重镇，泸沽湖的摩梭文化有“人类母系社会活化石”之称。

凉山州自西汉武帝时期便有记载，人文历史源远流长。气候既有南北东西差异，也有垂直差异、季节差异，呈现“一山有四季，十里不同天”的复杂气候，境内水系发达，动植物种类丰富、数量众多。凉山州独特的人文、地理条件孕育了独具彝族特色的传统发酵食品。

一
苏里玛酒

苏里玛酒是世界唯一保存完整的母系文化氏族——摩梭族的传统酒精饮料，又名“日几”或“克日”，至今已有2000多年的历史，是盐源县泸沽湖畔纳日人家家户户待客必备的饮料酒，酒精度极低，味道香醇略带酸味，色泽金黄，又称“摩梭啤酒”。

“苏里玛”，摩梭语释解为“女神的乳汁”。关于苏里玛酒，在摩梭人中流传着一个美丽的传说故事。相传很久以前，有一个美丽、聪慧的摩梭姑娘叫格姆，她是摩梭人崇拜的女神，与玉龙雪山男神十分相爱，每天劳作后都在夕阳下享受着美丽的湖光山色，过着世外桃源般的幸福生活，但后来此事被王母娘娘知晓了，她派天神把男神抓到天庭受罚，格姆伤心地哭了七天七夜，最后化成了如今的格姆女神山（图22–1），格姆滴下的眼泪变成涓涓溪流，最后汇集成了现在的泸沽湖。他们的爱情故事感动了摩梭人民。为了纪念他们，摩梭人取来纯净的泸沽湖水，挖来格姆女神山上药用植物的根作曲，以当地的农作物为原料酿制出了如今的苏里玛酒（图22–2）。

图 22-1 格姆女神山

图 22-2 苏里玛酒

图 22-3 苏里玛酒的酿制

苏里玛酒含氨基酸、碳水化合物、维生素等多种营养物质。其制作工艺是将青稞、糯米、苦荞、玉米、大麦和高原红米搅拌均匀之后煮熟、烤干，再加入当地用药用植物特制的传统酒曲，最后装入酒坛密封发酵（图22-3）。

直到今天，苏里玛酒一直作为摩梭青年男女走婚必饮酒，作为他们纯洁爱情的见证。同时，在摩梭人的重大节日上，苏里玛酒还作为招待尊贵客人的佳酿。人们在酒上撒上鲜花，载歌载舞，传颂爱的命运、丰收之神——格姆女神。

二
彝族燕麦酒

会东彝族燕麦酒，与彝族群众的生产生活息息相关，其古法酿造工艺已有上千年的历史，并在不断地创新和发展，形成独特的彝族白酒特色，承载着彝族独特的饮食文化，为中华文明的延续发挥着积极的作用。

会东县彝族燕麦酒古时多数以自酿自足的状态存在，偶尔在彝区以以物换物的形式出现，新中国成立后，现代经济、文化逐渐渗透，一些有商业头脑的彝族人逐渐以牧耕为主、酿酒为辅，但商业性质的酿酒规模小得几乎没人知道。直到20世纪末21世纪初期，外来人走访彝区才发现这一传统技艺，加上彝族人自身思想也在不断进步，逐渐形成了小规模的传统彝族燕麦酿造小作坊。随着人们对彝族文化、酒文化、燕麦酒等研究的深入，在一定程度上促进了彝族燕麦酒的发展。2013年，拉玛酒业与四川省食品发酵工业研究设计院酿酒研究所联合建成西南首家燕麦酒酿造科研基地，将非物质文化遗产——彝族燕麦蒸馏酒酿造技艺与现代酿酒技术融合革新升级，获得国家985工程奖项、有机白酒认证、ISO 9000国际质量认证，如今300余吨的燕麦酒已进驻北京商场并获得消费者们的青睐。2014年，燕麦酒独特的古法酿造工艺成功申报省级非物质文化遗产保护项目。

会东彝族的燕麦酒属蒸馏酒，饮俗为转转酒，是会东特有的彝族酿酒工艺和独特的阿都地区饮俗文化。会东彝族燕麦酒古法酿造工艺的生产流程细致而复杂（图22-4）：燕麦要生长于海拔2300米以上的彝区，且剔除不成熟粒、霉变粒、生芽粒，保证纯粮率达99%；酿酒用的水源来自2800米高海拔的一眼水晶泉水，其酿造和贮藏工具如：甑、槽、缸、坛等均为当地上等杂木和红泥制成，具有特殊的色、香和作用，采用精制小曲进行发酵，蒸馏后进行高山洞藏。

燕麦酒主要原料为燕麦，燕麦主要成分为淀粉、蛋白质、脂肪、氨基酸，脂肪酸含量也较高，此外还含有B族维生素以及少量的维生素E、钙、磷、铁、核黄素和谷类作物中特有的皂苷。会东县彝族燕麦酒古法酿造出的燕麦酒清香甘醇，不添加第三方原料，不上头，是纯天然原料和原始工艺加工的绿色饮品。

（1）培菌

（2）高山洞藏

图 22-4　彝族燕麦酒酿造场景

三
彝族杆杆酒

彝族酿酒历史十分悠久，甘洛县是彝族杆杆酒酿制的代表区域。“杆杆酒”在彝语中称“芝衣”，又称“泡水酒”“咂酒”，是彝族人民喜庆节日时用来招待客人的一种别具风味的酒。

杆杆酒多以玉米、荞麦、高粱、糯米等为原料，将原料粗磨之后，加水蒸熟，倒出凉于簸箕内，待温度适当后加入荞壳，并加酒曲搅拌，在簸箕内封闭发酵，经过三十几个小时后放入木桶或坛子之内，并用泥土将桶口封死放置，小半个月时间即可开封启用，放上两三个月后启用酒味更佳。

开用时，加足冷开水，再放上一两个小时就可饮用。饮用时需插若干麻管或竹管，直接用嘴吸插管来饮酒（图22-5）。杆杆酒放置时间可长可短，短的十天半月即可饮用，长的可放置三至五年再饮用。根据需要，杆杆酒可为分低度甜香型、中度可口型、高度浓香型等，其制作在加曲的量、温湿度、发酵保存时间等方面各有不同。在重要节日，如火把节、婚庆、大型宴请、祭祀活动等，人们都会拿出自己酿制的杆杆酒进行庆祝。

图 22-5　饮杆杆酒

四
彝族民间泡水酒

泡水酒是彝族人民敬献客人的珍贵礼物，一般要在过年或结婚等重要喜庆活动的时候才能喝到，是彝族人民用玉米、荞麦和曲子等原料经过精心酝酿而成的。泡水酒的制作主要是在凉山的美姑等县。

彝族酿造泡水酒的历史可以追溯到原始社会末期石尔俄特时代，据传当时就有一个叫迪波阿支的人从青山箐林沼泽地边采集了各种草药配制出了酒曲，又说居木三子时有一次偶然的机会发明了酿酒之术，从此泡水酒便成了彝族先民生产生活中不可缺少的调节剂，不管是征伐御敌还是结盟调和，是娶妻嫁女还是供奉祖灵，是逢年过节还是禳解遣返，连庆五谷丰登、求六畜兴旺、祈人丁繁衍都要酿造甘醇的泡水酒来祭献助兴，于是泡水酒也在彝民的生活中有了属于自己的文化内涵，它既可成为贡品以通先祖、以通神灵，也可成为礼品以迎来送往、联络情感，既可作药和血行气、壮神御寒，也可作剂调解纠纷、化解冤仇，可谓彝人一生“生以酒迎来，活以酒壮骨，死以酒送归”。

酿制泡水酒时，将选好的干玉米放入到锅中炒，炒至玉米里的水分完全蒸发至半黑半红，起到调色作用，将炒好的玉米从锅中捞出，放凉。用石制磨子将炒好的玉米磨粉，同时将荞麦磨碎。最后，将备好的玉米和荞壳混合，用少量的清水将玉米和荞壳充分拌匀后，放入到锅中蒸好冷却；再将发酵用的曲子均匀地撒在蒸好的玉米和荞壳上，完全拌匀；装入口袋，外面用布包好，再在地上放点谷草之类的干草，将它放在谷草上发酵，方便了解是否达到发酵成熟，在布上放刀类物体。发酵到2~3天后，一看布上的刀是否有水珠，二闻是否有气味，三用手摸玉米和荞壳是否柔和，刀上有水珠，闻有气味，手摸柔和，说明发酵已经达到最佳成熟期。如果刀上没有水珠，又没有气味，手摸也不柔软，说明它还没有发酵成熟，还得让它继续发酵。将发酵成熟的原料倒入约1米高密封好的木制圆桶内，上面用塑胶密封好。这一阶段的密封至关重要，直接影响到泡水酒的效果。其酿造工艺见图22-6。储存的时间越久，泡水酒的浓度越高；泡水酒的浓度高低，可以从口感和颜色方面去辨别，颜色呈深褐色，不太甜的泡水酒浓度特别高，易醉人，颜色呈淡黄色，喝起来特别甜的泡水酒浓度一般都低，不易醉人。

美姑彝家酿造泡水酒的次数可以说是凉山之冠，从少女行成人礼到

（1）检查原料生熟

（2）和面加曲

（3）发酵

（4）封缸

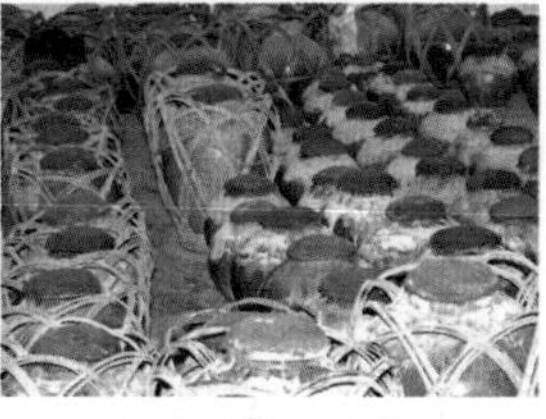

（5）泡水酒贮存

（6）酒具

图 22-6 彝族泡水酒工艺流程

娶妻嫁女，从“吉决”遣返仪式到送祖灵入箐洞的送灵仪式，从“阿依蒙格”到羊群上山下山，从逢年过节到聚亲会友，都会提前备好泡水酒以助兴致。

五
建昌板鸭

建昌板鸭主产于四川西昌、德昌等县市，因具有体大、膘肥、油多、肉嫩、气香、味美等特点而驰名中外，被列为全国传统腌制品四大板鸭（江西南安板鸭、福建建瓯板鸭、江苏南京板鸭和四川建昌板鸭）之一。

据元、明历史记载，西昌原名建昌，以出产板鸭著称，故名建昌板鸭。《西昌县志》记载：“鸭古名鹜，雄者羽毛美，雌者次之，县人挨户饲养，用为筵宴上品，重为四五斤。其肉、肝及卵，气味之美，为他省之冠。虽著名之苏鸭、闽鸭，亦所不及所谓建鸭、建肝是也。鸭肝以西宁镇所产者为第一，每副重十二两；鸭肉若用盐腌之成为板鸭，则美不可言矣"。

民间还流传着关于建昌板鸭的一个笑谈：古代建昌府有个穷秀才进京赶考。由于家里穷也没什么东西好带，家人就将家中喂养的两只鸭子宰了，用盐加花椒腌制了，让其带上。一路上风餐露宿到了京城，早已饿得不行的穷秀才，切了半碗鸭肉叫伙计煮饭时放到饭里一起蒸。少时香气飘至街头，正遇皇帝老儿扮了个糟老头子，满街乱串，闻之不禁口水直流，随循着香气进得店来，问穷秀才可否让其分享这鸭肉。秀才虽穷却是个有胸襟的人，欣然同意。就着这碗鸭肉，推杯换盏谈得甚是投机，高谈阔论之时无意间露出自己的文采。离别时秀才又取出另外一只鸭子送与皇帝老儿，皇帝暗自喜欢。金榜题名时，穷秀才高中榜眼。方才明白与自己谈天说地的乃是皇帝。自此，建昌板鸭成了进贡的贡品。

建昌板鸭产地范围为四川省德昌县德州镇、永郎镇、乐跃镇、麻栗镇、阿月乡、小高乡、锦川乡、老碾乡、王所乡、六所乡、巴洞乡、宽裕乡、茨达乡共13个乡镇现辖行政区域。1997年，国家工商局批准"建昌板鸭"商标属德昌县建昌食品有限责任公司所有。该公司在2008年就被评为凉山州龙头企业，荣获"西部博览会绿色产品最畅销奖"，并成功将建昌板鸭申报为国家非物质文化遗产。

建昌板鸭种鸭养殖基地为四川德昌县德州镇大坪村，主要有纯白羽系、褐麻羽系、麻黄羽系和白胸黑羽系四个品系，统称为"建昌鸭"，是加工制作"建昌板鸭"的原材料。建昌板鸭系由建昌鸭经过腌制加工而得名，故需精选建昌鸭，以其胴体为原料，用传统的民间加工方法与现代畜产品加工工艺相结合进行腌制，经过整形、风干而成。建昌板鸭外形饱满，体干皮亮，肉质细嫩、丰厚、紧密，呈玫瑰红色。鸭肉可蒸可煮，香味浓郁，肥而不腻，鸭肝更是美不可言，系凉山独具的名优特产（图22-7）。

图 22-7　建昌板鸭

建昌板鸭生产工艺流程

选鸭→禁食→宰后处理→去内脏→腌制→自然发酵→自然风干→成品

建昌板鸭生产工艺要点

（1）禁食　精选的建昌鸭需禁食24小时以上。

（2）腌制　在室温下，用食盐和粉碎后的天然香料混合均匀后，涂抹在鸭体内外，放入缸内腌制12小时，再翻缸把上下腌制鸭进行调换，腌制24小时后起缸。

（3）自然发酵　挂晾后显露5～7个颈椎，肋骨变白，肌肉呈黑红色时，在自然温度≤15℃条件下进行堆码发酵，堆码高度≤0.6米，堆码发酵24小时后成型。

（4）自然风干　对初步整形后的原料建昌鸭进行挂晾，室内自然风干，挂晾5～7天（图22-8）。

建昌板鸭中的有益微生物主要包括葡萄球菌、乳酸菌、微球菌以及酵母菌、霉菌等。板鸭特有的色泽主要由葡萄球菌、微球菌、酵母菌共同作用提供。酵母菌不仅对板鸭发色过程中色泽的稳定性有一定好处，

（1）自然发酵

（2）自然风干

图22-8　建昌板鸭制作场景

还在建昌板鸭形成最终香味上起到主要作用。建昌板鸭发酵过程中经常使用的酵母菌主要是汉逊德巴利酵母菌，其次是法马塔假丝酵母菌。乳酸菌主要发酵糖类，使碳水化合物分解，产生大量的乳酸，具有较强的耐酸性和抑制杂菌生长的作用；在多次发酵中，乳酸赋予建昌板鸭特殊的熏香风味。

建昌板鸭肉质细嫩，肥而不腻，色泽鲜艳，营养价值较高，外形饱满，经传统工艺腌制风干后，体干皮亮，是优质的传统风味食品。

六
冕宁火腿

冕宁火腿是四川省凉山州著名的传统肉类食品，它具有风味独特、香气浓郁、精多肥少、腿心丰满、红润似火，色、香、味俱全的特点，深受消费者的欢迎。冕宁县地处四川省西南部，凉山彝族自治州北部，海拔2000米左右，受安宁河谷气候的影响，形成了高海拔、低气温、气候干燥的特殊地理环境。冕宁火腿是在冕宁特殊的地域和气候环境条件下，经过勤劳的冕宁人不断地探索和积累形成。

自明朝以来，汉人拓边到此，冕宁生产力不断发展，五谷丰登，六畜兴旺，在交通极为闭塞的情况下，为了食肉方便，冕宁火腿腌制实践在几百年中不断总结经验；各民族经常交流生产生活技能经验，因此腌制火腿的方法得以普遍推广；加之冕宁农村历来有杀“过年猪”的习惯，几乎杀过年猪的人家都要腌制火腿，因而形成了完整有序的加工腌制火腿方法，并在民间广为流传，故有“冕宁火腿”之称。

冕宁火腿选用优质凉山乌金猪与优良种猪长白或约克杂交的生猪后腿，经过腌制、洗晒、整型等工艺而制成。

冕宁火腿生产工艺流程

选料→修坯→腌制→洗晒→发酵→贮藏→成品

冕宁火腿生产工艺要点

（1）选料　选择脂肪少、皮薄、肉嫩、瘦肉多，适于腌制加工、健康无病的生猪。猪腿要求腿心丰满、皮质新鲜、瘦肉鲜红，肥肉洁白的后腿，每个猪腿重量以6～10千克为宜。

（2）修坯　切下的鲜猪腿须在6～10℃的通风处晾凉，腌制时须对猪腿进行修整，削去过于隆起的骨节，将腿皮割成半月形，使肌肉露出腿皮。并割去肉面上油筋、油膜，不要损伤肌肉，把两边多余的肥肉和腿皮削平，使腿呈“竹叶形”，用力挤压腿肉，使血管内的淤血充分排出。

（3）腌制　用盐量为腿重的9%～10%，腌制时间通常为40天左右，抹盐4次。第1次抹盐：占用盐总量的20%，先抹腿肚与腿爪，再抹肌肉，抹完后以肉面朝上重叠堆放，各层用竹条隔开，堆放时间为2天。第2次抹盐：占用盐总量的60%，应在腰椎骨、耻骨及大腿上部的肌肉厚处抹厚盐，同样重叠堆放起来，堆放时间为3天。第3次抹盐：占用盐总量的15%，重点抹在骨节部分，堆放时间为5天。第4次抹盐：占用盐总量的5%，主要是对骨节补盐，堆放时间为12天。在每次用盐后堆放时需上下调换，使受压均衡，滴下的盐水要及时倒掉。

（4）洗晒　清除肌肉表面过多的盐分和油垢，使肌肉表面显露红色，随后吊挂于通风处晾晒3～4天，要避免日光强烈照射。待腿皮稍干时应将脚爪弯曲伸入腿上部皮中，压平皮面，使整个火腿外形美观。

（5）发酵　将晾好的火腿挂于通风的室内，经过一段时间后肉面上会长出绿色和灰绿色菌落，此时火腿开始产生特殊的甘醇清香气味。

（6）贮藏　加工火腿时间通常为冬至到立春之间的隆冬腊月为宜。

火腿经过半年时间的发酵后成熟。此时可用粗纸擦去菌落和油垢，抹上麻油后贮藏。成品仓库应通风良好，要防潮和防止强光照射。

在发酵过程中，由于微生物酶的作用使蛋白质、脂肪分解，逐渐形成特殊的芳香气味。对于干腌火腿，微生物主要在火腿表面生长，这些微生物主要是霉菌、酵母菌、革兰阳性菌、过氧化氢酶阳性球菌。革兰阳性菌主要是葡萄球菌、微球菌。青霉是在干腌火腿表面生长的主要真菌。

冕宁火腿风味独特、香气浓郁、红润似火、精多肥少、腿心丰满、肉色嫣红，是全国著名的肉类食品（图22-9）。经质量检验，冕宁火腿亚硝酸盐含量为0.6mg/kg，远低于国家标准规定，亚硝酸盐含量极低是冕宁火腿的一大特性。

图22-9　冕宁火腿

七
农家坛子肉

四川传统的“坛子肉”是具有典型农家风味的农家私房菜。据传，此菜起源于四川农村乡间。栽插收割的农忙季节，既想吃肉“打牙祭”，又怕烹肉误农活。于是以坛代锅，匆匆将大块猪肉投入坛内，加盐、加水、加些葱姜调料，密封坛口，用“子母火”（柴灰火）煨起，待收工回家时，启开坛口，香味四溢。

凉山农家坛子肉主要是以肥瘦相连的猪坐臀肉或软五花肉为主要食材的农家私家菜，在凉山大部分县市都有人家在做，例如：普格、会东、会理、西昌、冕宁等县市。凉山农家坛子肉原料丰富，主要用盐、料酒、花椒等调味品进行腌制，然后用猪油慢火炸、下油坛即成。此菜咸鲜清淡，形态丰腴，肥而不腻，色泽棕红，味道浓厚，鲜香可口，汤浓味香，色泽红润，肉烂不腻；是凉山地区典型的农家风味，深受本地及外来客人的赞誉和喜爱（图22-10）。

猪肉酥烂而不失其形，口感肥而不腻，色泽红润而亮，其味有独特香味，且造型美观，口味咸鲜，酒饭两宜。

（1）炸肉

（2）装坛

图 22-10　农家坛子肉制作场景

八
马边风味血肠

“血肠”嘉绒语称“大西不布”，是彝族的一道特色食品。凉山州境内大部分地方都有灌血肠的习俗，每到农历冬月、腊月宰杀年猪时，家家灌猪血肠，并互送亲友。但各个地方风俗有所不同，境内聂呷乡、巴旺乡等地大多灌酸菜血肠；太平桥、半扇门高山半高山一带多灌猪血血肠；丹东乡一带多灌牛血肠。

猪血肠灌法是：把鲜肉肥瘦搭配，切成肉丁，取一定数量的玉米面或荞麦面、麻籽（大麻的种子，味如葵花籽）炒熟，拌生姜、大蒜、盐等调料，与猪血拌匀，呈黏稠的面糊状，然后灌进大肠、小肠，灌的时候不能灌得太多，以免肠子爆裂。之后，把灌好的肠子在滚烫的开水里煮熟，在煮的过程中，用针尖不停地在肠子上扎小孔放气，以免压力上升后局部爆裂。酸菜血肠的灌法是：用腊肉炒新鲜酸菜，然后灌进猪大肠煮熟，灌好的血肠可以立即食用，也可悬挂风干随取随食，口感更佳。

血肠味道鲜美可口，余味无穷。吃血肠有讲究，煮熟的血肠腥味浓烈，不上口。所以，血肠一般用火烤，烤成半黄再食用（图22-11）。

图 22-11　马边风味血肠

九
彝族酸菜

在彝区流传着“叟尼汁玛诅，角叟脾徘逮［三天不吃酸，走路打螃蹿（意为走路偏偏倒，左摇右晃，无精打采）。］”，“沓尼汁玛哄，卧拖裹夯夯（一天不吃酸，肚皮空腔腔）”的谚语。酸菜用彝语称“窝汁（彝语转音）”，加上芸豆（彝语称“诺裹”）就成了酸菜红豆（芸豆）汤了，这种汤简称“酸汤”。酸汤彝语称为“窝汁液”，一般在习惯上简称“窝液”。

酸菜的制作原料为青菜，青菜彝语称“窝那”，“那”即黑的意思。在彝族文化中，一般是黑（那）为贵，而用以制作酸菜的原料青菜被称为“那”，可以看出酸菜在彝族人民的生活中有着举足轻重的作用。

每年11、12月份，芫根成熟，制作彝族酸菜时，要选取品相好的芫根，切下茎叶（带蒂，以使叶子不散乱），洗净后晒至半干，放入开水锅中漂烫。因为彝家都是用树枝作为燃料，所以彝族酸菜有股独特的柴火香味。把煮熟的芫根茎叶捞出，趁热码放在土坛中，倒入冷开水和适量老酸水浸泡。密封坛子，浸泡4～5天。将泡制了4～5天的芫根酸菜捞出在木架子上进行晾晒。11、12月是凉山的干风季节，气候干燥、日照充足，非常利于彝族酸菜的迅速脱水干燥。彻底干燥后，彝族酸菜就制作好了，装袋放在干燥通风的地方即可长时间贮存，随食随取。

在彝族酸菜的制作过程中，有个关键就是老酸水的应用。第一次制作的时候，将芫根茎叶煮熟趁热码放在坛子里，加入冷开水密封，泡制半个月左右。在半个月时间中，芫根叶子会自行发酵产生乳酸菌，促成酸菜的最终形成。整个过程只用清水，不加任何添加剂。酸菜腌制好以后，将坛子中的酸水保存下来，可以重复使用，形成芫根茎叶发酵的催化剂——老酸水。

其他地区的酸菜，最终成菜是水酸菜，含水量非常高，一旦离缸就不易贮存和携带。而彝族酸菜最终成菜是干酸菜，非常容易携带且保存时间很长。在口感风味方面，水酸菜吃起来比较爽脆，酸味清新；彝族酸菜需煮食，在烹煮过程中，激发出酸菜的味道，吃起来较有韧劲，酸味浓郁悠长，余味回甘，并且有一股特别的柴火味道。

彝族酸菜的食用方法主要是入汤，在鸡汤、鱼汤、腊肉汤、土豆汤等中加入彝族酸菜一起烹煮，不仅口味酸醇，而且清热解暑、开胃消食、解醉醒酒、解腻降脂（图22-12）。

图 22-12　彝族酸菜

十
泡梨

泡梨是摩梭人独特的一种泡菜，有着独特的地域特色。当地盛产多种麻梨（图22-13），他们喜欢将这些适合浸泡的麻梨盛于陶坛内，按比例加上盐、白酒、姜、蒜、花椒和清水，密封一月余后食用，具有酸、甜、脆和浓郁的醇香味道，别具一格，是佐餐的美味佳品。浸泡时间长者，其味更佳。夏天还可以放入冰箱冷藏一段时间，食用时，更加爽口怡人（图22-14）。

吃泡梨时，需用刀把皮削开，在乌皮的相衬下，果肉越发雪白细腻。咬一口，又酸又甜，脆而汁多，比新鲜梨有过之而无不及。

图 22-13　麻梨

图 22-14　泡梨

十一
宁南晒醋

宁南晒醋是用本地麦麸加各类辅料晒制而成，由于宁南独特的气候条件和含有大量矿物质的优质水源，晒制而成的麸醋酸味适宜、清爽可口且具有保健作用，堪与“保宁醋”媲美。

宁南晒醋采用固态发酵繁殖产生天然醋酸菌，醋坯和成品醋都在阳光下长久暴晒而成，故称晒醋。宁南晒醋采用民间传统手工酿制技艺，经过几十道工序，独特的千年活态传承方式，纯天然中草药秘方精制而成（图22-15）。

宁南晒醋还具有清热、降压、解暑、解毒、醒酒、止痢等功效。

图 22-15 晒醋场

参考文献

[1] 贾士儒．中国传统发酵食品地图［M］．北京：中国轻工业出版社，2019．

[2] 李里特．中国传统发酵食品现状与进展［J］．生物产业技术，2009（6）：56-62．

[3] 张娟，陈坚．中国传统发酵食品产业现状与研究进展［J］．生物产业技术，2015（4）：11-16．

[4] 吴丽娟，周倩，苗静，等．浅谈韩国（泡菜）文化发展之道［J］．科教文汇，2015（9）：189-192．

[5] 蒋和体，卢新军．泡菜对大鼠血脂的调节作用研究［J］．食品科学，2008，29（1）：314-316．

[6] 赵金松，张宿义，周志宏．泸州老窖酒传统酿造技艺的历史文化溯源［J］．食品与发酵科技，2009，45（4）：6-8．

[7] 东方．剑南春：民族文化与企业文化的融合［J］．东方企业文化，2011（23）．

[8] 黄均红．五粮液酒文化的特征与历史文化价值研究［J］．中华文化论坛，2009，64（4）：130-133．

[9] 谢志成，谢丹．蜀酒与全兴酒文化［J］．四川文物，2001（6）：39-43．

[10] 心荷．沱牌：“六朵金花”背后……［J］．中国酒，2006（12）：71-71．

[11] 张波，王化臣．神采飞扬·中国郎［J］．走向世界，2012（35）：78-79．

[12] 李明政. 神仙住在天上郎酒藏在洞中 [J]. 商业文化，2006（19）.
[13] 徐岩. 酒庄酒对中国白酒发展的启发 [J]. 酿酒科技，2014（7）：1-3.
[14] 隋明，施鑫，张崇军，等. 郫县豆瓣工业生产流程的研究 [J]. 中国调味品，2019，44（4）：139-142.
[15] 关统伟，向慧平，王鹏昊，等. 基于高通量测序的郫县豆瓣不同发酵期细菌群落结构及其动态演替 [J]. 食品科学，2018，39（4）：106-111.
[16] 邓海清. 唐场豆腐乳的工艺 [J]. 中国调味品，1985（9）：24-25.
[17] 赖登燡，范鏖. 水井坊酒的研发——传统工艺的继承与创新 [J]. 酿酒，2005（3）：5-6.
[18] 庄名扬，张玲英. 新繁泡菜的泡制基本原理及其应用 [J]. 中国调味品，1993（5）：11-16.
[19] 朱文优，张超，魏琴，等. 四川晒醋烘醅工艺的改良研究 [J]. 中国调味品，2012，37（4）：82-84，91.
[20] 李平，栾广忠，宋阳，等. 五通桥毛霉麸皮培养基的豆乳凝固酶活性研究 [J]. 大豆科学，2014，33（2）：264-268.
[21] 任明忠，刘德昭. 一种坛子肉的制作工艺 [P]. 中国：CN 104187761 A. 2014.12.10.
[22] 郑佳，赵东，杨康卓，等. 五粮液酿酒微生态与风味化学研究进展 [J]. 酿酒科技，2019（5）：112-116.
[23] 万惠恩. 叙府糟蛋的制作技术 [J]. 农村百事通，2003（5）：17.
[24] 邓静，吴华昌，杨志荣，等. 宜宾芽菜发酵过程中风味物质动态变化 [J]. 食品科学，2013，34（16）：243-246.
[25] 董玲. 四川传统腌制冬菜中细菌多样性研究 [D]. 四川农业大学，2012.

[26] 杨瑞，齐桂年．蒙山黄茶的历史探究［C］//第十六届中国科协年会——分12茶学青年科学家论坛论文集．2014.

[27] 陈昌辉，张跃华．一种蒙顶山黄芽茶的生产方法［P］．中国：101889616B,2012.09.26.

[28] 谢雪娇．南路边茶传统制作工艺及其变迁研究［J］．四川民族学院学报，2009（4）．

[29] 胥伟．四川康砖茶渥堆过程中真菌种群的鉴定［D］．四川农业大学，2010.

[30] 何靖柳，董赟，刘继，等．微波热杀菌对汉源坛子肉品质及理化特性的影响［J］．信息记录材料，2018，19（1）：177-180.

[31] 边纪平．东坡泡菜：中国味道享誉世界［J］．中国品牌，2017（2）：80-81.

[32] 尤兰．李记集团获第一届“东坡味道”中国泡菜制作大赛金奖［J］．食品安全导刊，2014（25）：23-23.

[33] 梅鑫．味聚特：做最好的小菜［J］．食品安全导刊，2014（25）：24-25.

[34] 郑友生．丹巴香猪腿［J］．中国食品，1999（9）．

[35] 索南措．试论嘉绒藏族酒文化特点［J］．华人时刊旬刊，2014（12）．

[36] 吴俊英．民族文化符号对彝族燕麦酒传播的独特价值［J］．酿酒科技，2015（6）：99-102.

[37] 林巧．建昌板鸭微生物发酵动力学研究［J］．安徽农业科学（6）：3662-3665.

[38] 林巧．建昌板鸭发酵过程中的微生物［J］．现代食品，2017，3（6）：66-69.

[39] 刘晓丽．发酵肉制品中发酵剂的研究［J］．食品与发酵科技，2002，38（4）：27-30.

[40] 余海军. 冕宁火腿的制作 [J]. 猪业观察，2004（21）：35.

[41] 邱亚利. 凉山彝族酸菜的制作工艺及旅游开发价值研究 [J]. 食品研究与开发，2014（19）：68-71.